ISSN 0371 - 327X

SITZUNGSBERICHTE DER SÄCHSISCHEN AKADEMIE
DER WISSENSCHAFTEN ZU LEIPZIG

Mathematisch-naturwissenschaftliche Klasse
Band 116 · Heft 3

HANS-GEORG SCHÖPF

DIE GRIECHEN UND DIE NATUR

AKADEMIE-VERLAG · BERLIN
1983

ISSN 0371-327X

SITZUNGSBERICHTE DER SÄCHSISCHEN AKADEMIE DER WISSENSCHAFTEN ZU LEIPZIG

Mathematisch-naturwissenschaftliche Klasse
Band 116 · Heft 3

HANS-GEORG SCHÖPF

DIE GRIECHEN UND DIE NATUR

AKADEMIE-VERLAG · BERLIN
1983

Vorgelegt von den Herren Buchheim und Wollgast
in der Sitzung der mathematisch-naturwissenschaftlichen Klasse
am 9. Dezember 1981
Manuskript eingereicht am 9. Dezember 1981
Druckfertig erklärt am 29. August 1982

Erschienen im Akademie-Verlag, DDR-1086 Berlin
Leipziger Straße 3–4

Lizenznummer: 202 · 100/85/83
Gesamtherstellung: VEB Druckhaus „Maxim Gorki“, 7400 Altenburg
Bestellnummer: 7631328 (2027/116/3) · LSV 1105
ISSN 0371-327X
Printed in GDR
DDR 8,– M

VORWORT

„Die Griechen und die Natur“, das ist eine, — wie wir zugeben, unbescheidene — Anspielung auf den Titel, unter dem vor mehr als einem Vierteljahrhundert Erwin Schrödinger seine Vorlesungen über die sogenannte vorsokratische Naturphilosophie herausgegeben hat: „Die Natur und die Griechen.“ Er hat dem im Kleindruck „Kosmos und Physik“ hinzugefügt, was wir unseren Darlegungen ebenfalls erläuternd voranstellen könnten. Denn ihre Aufmerksamkeit gilt — biologisch-medizinisches Denken der Antike ausklammernd — den Keimen unseres physikalischen Weltverständnisses, wie sie im Mutterboden frühgriechischer Naturphilosophie angelegt sind. Einer solchen Aufmerksamkeit publizistisch Ausdruck zu verleihen, fühlen wir uns durch das wachsende Interesse ermutigt, dessen sich gegenwärtig Tradition und Historie im allgemeinen, Kultur- und Wissenschaftsgeschichte im besonderen erfreuen. Ich persönlich verdanke diesem Interesse die Möglichkeit, an der Technischen Universität in Dresden Vorlesungen über Geschichte der Physik zu halten. Ein derartiges Unternehmen, so schien mir, müsse allerdings bei der frühgriechischen Naturphilosophie anheben. Sie gewissermaßen zu physikalisieren, wäre freilich ahistorisch. Nein, sie muß durchaus als Naturphilosophie vorgetragen werden, aber in dem erwähnten Zusammenhang doch wohl von einem Physiker, akzentuiert von der ihm eigentümlichen Diktion. Vorbild dafür ist eben Schrödinger. Er, dessen Namen die schlechthin fundamentale Gleichung der modernen Physik trägt, hatte ein von lebendiger Anteilnahme und profunder Sachkenntnis getragenes Verhältnis zum Geist des Griechentums, — wie noch so viele seiner Generation. Auch Werner Heisenberg, anderthalb Jahrzehnte jünger, ebenfalls Begründer der physikalischen Moderne, schlug von ihr die Brücke zur griechischen Philosophie. Er gelangte auf diesem Wege insbesondere zu Platon, und durch die Entschiedenheit, mit der Heisenberg sich dazu bekannte, ist die Physik recht eigentlich aufgefordert, auch zu den Platonischen Komponenten ihrer Tradition mit aller gebotenen kritischen Distanz, aber ernsthaft Stellung zu nehmen. Nicht zuletzt deshalb habe ich die Auslegung der Vorsokratiker durch eine kurze Skizze der Philosophie Platons ergänzt. Hierin unterscheiden sich die vorliegenden Ausführungen von Schrödingers Monographie, ebenso durch eine stärkere Betonung der gesellschaftlichen Hintergründe. Aber selbstverständlich gibt es darüber hinaus der Unterschiede viele. Ja, ich möchte doch hoffen, im Nach-Denken griechischen Philosophierens auch etwas Eignes zustande gebracht zu haben, etwas, das zunächst als Niederschrift einer doppelten Kollegstunde begonnen wurde, unterderhand über die Ufer trat, und das ich nun, da es fertig ist, gerne als einen Essay bezeichnen würde, d. h. als eine — wie das Wörterbuch definiert — „kürzere, sorgfältig formulierte, gemeinverständliche Abhandlung über eine Frage des geistigen Lebens". Mit einer solchen essayistischen Form möchte ich bei meinen Berufskollegen, den Physikern, um Verständnis dafür werben, daß die Frage nach der Verwurzlung ihrer Wissenschaft in philosophischen Traditionen eben „eine Frage des geistigen Lebens" ist. Andererseits würde es mich freuen, wenn diesem oder jenem Philosophen der vorliegende Essay Anlaß wäre, darüber nachzudenken, wie sich sein Metier im Kopf eines Physikers widerspiegelt. Der erste, der mir eine solche Freude bereitet hat, ist mein verehrter Kollege von der philosophischen Fakultät, Herr Prof. Dr. S. Wollgast. Für seine hilfreiche Anteilnahme am Entstehen der vorliegenden Arbeit bin ich ihm zu außerordentlichen Dank verpflichtet. Dank gebührt ferner denen, die mir außerdem geholfen haben, Herrn Dr. H.-U. Wöhler für kritische Bemerkungen und meiner Frau für die selbständige Erledigung aller technischen Arbeiten.

Dresden, 2. Februar 1981 H.-G. Schöpf

Wäre die Geschichte der Physik eine solche des Erwerbens und Sammelns physikalischer Kenntnisse, so müßte sie ihren Blick bis dorthin zurückwenden, wo sich arbeitend die Kreatur zum Menschen entwickelt und in der Auseinandersetzung mit der Natur urwüchsiges Wissen von ihren Erscheinungen gewinnt. Es war Bestandteil der Produktionserfahrung, blieb an die praktisch-gegenständliche Tätigkeit gebunden und wurde im Arbeitsprozeß scheinbar unverändert von einer Generation an die nächste weitergegeben. Doch nach Jahrzehntausenden erscheinen in den ersten Klassengesellschaften am Nil, Euphrat, Indus und am Hwangho, dem großen gelben Fluß, Wunderwerke der Technik, welche ahnen lassen, wie sich unter günstigen Umständen auch der Fundus praktischer physikalischer Kenntnisse hat vervielfachen können.

Aber sie allein begründen noch keine Physik. Denn die Theorie der großartigen archaischen Praktiker beherrschte noch die schillernd bunte Phantasie, die der Autorität urväterlicher Tradition blindlings vertrauend, Entstehen und Lauf der Dinge durch das Walten von Göttern oder anderen animistischer Wesenheiten erklärte.

Das Grundpostulat aller Naturwissenschaft dagegen gibt dem Menschen auf, vorurteilsfrei in geistiger Anstrengung rational zu erfassen, wie die Welt nach ihren eigenen Gesetzen funktioniert. So selbstverständlich diese Aufgabe erscheint, so leicht vergißt man darüber, daß sie einmal erfunden und zum Arbeitsprogramm erhoben werden mußte. Das aber haben die Griechen getan!

Gewiß, Spuren rationaler Begrifflichkeit mögen auch die altorientalischen Kulturen aufweisen. Aber in diesem Punkte sind ihre Verdienste nicht vergleichbar mit den „Leistungen jenes kleinen Volkes, dessen universelle Begabung und Betätigung ihm einen Platz in der Entwicklungsgeschichte der Menschheit gesichert hat, wie kein anderes Volk ihn je beanspruchen kann".[1]

Der Weg zu diesem Glanz, den Friedrich Engels mit so beredten Worten rühmt, nahm seinen Anfang in der Produktionssphäre, er begann, als die Griechen die Kunst des Eisengießens und Schmiedens noch im Zustand gentiler

[1] ENGELS, F. [5] S. 333

Verfassung erlernten. Denn unter deren urtümlich demokratischen Bedingungen führten jene Erfindungen zu einer stürmischen Revolution der Produktivkräfte, — in der altorientalischen Despotie blockiert durch eifersüchtige Monopolisierung der neuen Technologie und unproduktive Hortung des erwirtschafteten Reichtums. Breite Streuung des Mehrprodukts, Entstehen und fortdauernde Kräftigung individueller Wirtschafteinheiten; all das bewahrte andererseits die Hellenen vor der Finsternis der patriarchalisch-despotischen Ausbeutungsverhältnisse ihrer historischen Vorgänger. Im Gegenteil, eine landbesitzende Aristokratie wird, kaum daß sie sich als herrschende Klasse konstituiert hatte, durch den Fortschritt an dessen Brennpunkten schon wieder in Frage gestellt. Handwerker entwickeln sich zu privatwirtschaftlichen Gewerbetreibenden. Ihre Erzeugnisse übersteigen immer mehr den unmittelbaren Bedarf und erhalten Tauschwert, werden zu Waren. Begünstigt durch die geographische Lage, kräftig unterstützt durch Seeräuberei und großzügige Kolonisation erblüht der Handel. Das Metallgeld setzt sich durch, das Handelskapital entsteht. So formiert sich eine neue Klasse aus Kaufleuten und handwerklichen Unternehmern. Gewohnt auf eigenes Risiko zu eigenem Gewinn zu wirtschaften, rüttelt sie an den gesellschaftlichen Normen und Institutionen, die ihren Initiativen Grenzen setzen, und entfesselt den Kampf mit der Aristokratie um die politische Macht. In heftigen und langwährenden Klassenkämpfen erstrebten die progressivsten der griechischen Stadtstaaten, der Poleis, die Demokratie, auf deren Marktplatz dann die freien Griechen bei unterschiedlichem sozialen Status ihre Interessen vertreten konnten. Die *freien* Griechen, muß man betonen, im Unterschied zu den Sklaven, deren Besitz im Laufe der Zeit einen zunehmenden Anteil des Eigentums an Produktionsmitteln bildete.

„Erst die Sklaverei machte die Teilung der Arbeit zwischen Ackerbau und Industrie auf größerem Maßstab möglich, und damit die Blüte der alten Welt, das Griechentum. Ohne Sklaverei kein griechischer Staat, keine griechische Kunst und Wissenschaft.“[2] Deren Wurzeln reichen indessen zurück in eine frühe Epoche griechischer Geschichte, da noch nicht von einer Beherrschung der Produktion durch die Sklaverei gesprochen werden konnte, wohl aber davon, daß sich schon eine relativ umfangreiche Menschenmasse wie nirgends anderswo einen breiten Freiraum selbständigen Handelns und persönlicher Verantwortung in Wirtschaft und Politik erkämpft hatte. Das wäre nicht angängig gewesen, hätte man nicht im Laufe dieses Prozesses gelernt, selbständig zu urteilen und zu diesem Zweck beobachtend und denkend neues Wissen zu erwerben, wofür wiederum die Weltoffenheit von Seefahrt und Handel treffliche Gelegenheit geboten hatte. Offenkundig zeichnet sich ein neues Verhältnis zur Welt, eine neue Anschauung von ihr im Kontrast zum mythologischen

[2] ENGELS, F. [4] S. 168

Weltverständnis ab. In der Tat, mit der Entdeckung der Freiheit verträgt es sich schlecht, die Fremdbestimmung des Menschen glauben zu machen. Und in diese ideologische Funktion des Mythos untrennbar verwoben, gereicht sein „theoretisches“ Weltbild der erwachenden Vernunft zur Kritik. So kommt es zur vielleicht größten Revolution in der Ideengeschichte. Sie vollzieht die Wende „vom Mythos zum Logos“![3]

Natürlich kann keine Rede davon sein, daß Mythos, Kult und Religion ihre Massenwirksamkeit verloren hätten. Allerdings des finsteren Ernstes spätantiker und mittelalterlicher Religiösität entbehrte schon der heitere Olymp. Es war das eine der günstigen Voraussetzungen, doch nicht der wesentliche Grund dafür, daß die griechische Philosophie entstand. Auch wurde sie nicht aus der Taufe gehoben, weil Praxis und Produktion zu ihrer Vervollkommnung gebieterisch die Theorie erforderte. Nein, die entscheidende Ursache für jene Revolution des Denkens sind die oben skizzierten, in der materiellen Basis der Polisgesellschaft herangereiften Verhältnisse, unter denen einer kleinen, reichen sozialen Schicht die rationelle Durchdringung der Welt zum ideologischen Bedürfnis wird. Rund zwei Jahrtausende später wird ein augenfällig analoger Prozeß die neuzeitliche Naturwissenschaft hervorbringen — und dabei nicht zuletzt auf die griechische Philosophie zurückgreifen.

Ihr Geburtsort liegt an der kleinasiatischen Küste, in der Polis Milet, dem Knotenpunkt weitverzweigter Handelswege, wo mit den materiellen Waren auch die kulturellen Werte des Orients zum Umschlag kamen. Als Vater der griechischen Philosophie gilt Thales (um 625—546), ein Weltmann durch und durch, erfolgreich spekulierender Kaufmann, aktiver Politiker in der Übergangsepoche von Polisaristokratie zur Demokratie. Als Geburtstag der griechischen Forschung mag der 28. Mai 585 festgesetzt werden, das astronomisch gesicherte Datum der Sonnenfinsternis, die Thales für das Jahr vorausgesagt hatte. Diese Leistung spricht für den hohen Stand der aus dem Osten importierten empirischen Fertigkeiten mathematischer sowie natur- und himmelskundlicher Art, aber natürlich nicht für eine exakte Berechnung der Konstellation. Wie sollte so etwas auch eine Weltsicht hergeben, die nicht über den Ozean hinausreichte, auf dem als flache Scheibe die Erde schwamm. Jedoch in anderer Hinsicht bedeutet für Thales das Wasser weit mehr, als lediglich Träger des Landes zu sein. Das Wasser ist der Urgrund aller Dinge!

So wunderlich dieser Satz in unseren Ohren klingt, um seinetwillen ist es gerechtfertigt, Thales als den ersten Philosophen zu feiern. Denn hier spricht der Denker, der hinter der bunten Vielfalt der Dinge das ihnen gemeinsam Zugrundeliegende sucht! Das griechische Wort für solchen Urgrund ist „arché“, was eigentlich „Anfang“, speziell im Sinne mythischen Weltbeginns bedeutet

[3] So der oft zitierte Titel des Werkes [16] von W. NESTLE

hatte. Sicher haben dem Thales, von dessen Werk keine Fragmente erhalten sind, noch die Eierschalen des mythologischen Weltbildes angehaftet. Aber er hat doch wohl den definitiven Schritt zu dessen Überwindung getan, indem er dem Urgrund aller Dinge nicht außerhalb, sondern innerhalb der Natur nachspürte, und die arché als eine materielle Substanz verstand, die im Kommen und Gehen ihrer Zustände weder Anfang noch Ende hat.

Auf dem Wege vom bildhaften Mythos zur abstrakten Theorie, den ein derartiger Bedeutungswandel trefflich markiert, gelingen nun Anaximander (um 610–546), dem Schüler des Thales, entscheidende Fortschritte. Nach seiner Überlegung könne es sich bei dem Urstoff nicht um irgendeine der bekannten bestimmten Substanzen handeln, sondern nur um etwas davon Verschiedenes, allen Dingen Vorgeordnetes. Da diese nun (im wörtlichen Sinne) „definiert" sind durch ihre Oberflächen, mit denen sie sich voneinander „abgrenzen", ist der Anaximandrinische Urstoff das „ápeiron", das „Unbegrenzte", eine völlig amorphe, undifferenzierte Materie, aus der die konkreten Dinge durch „Ausscheidung" hervorgehen, wobei sich die Grenzflächen bilden, welche die Phasen „unterschiedlicher" Qualität voneinander trennen.

Hier wird die weitverbreitete Mythologie von der Weltentstehung aus dem Chaos, dem „grenzenlosen Abgrund" rational bearbeitet. Schlagen wir die erste Seite der Bibel auf, so erkennen wir das ápeiron im „Tohuwabohu" wieder, im „Wüsten und Leeren", das „am Anfang war", wonach dann die Schöpfung mit dem Durchführen von Unterscheidungen anhebt, des Lichts von der Finsternis, der Himmelsburg vom Wasser, des Trockenen vom Meer. Es werden also Begrenzungen gesetzt, in der Genesis von Gott, nach Anaximanders Auffassung hingegen in einem Prozeß der Selbstbewegung des ápeiron, den der Autor zu einer Entwicklungsgeschichte bis hin zur Menschwerdung ausgesponnen hat.

Das Leben müsse aus dem Wasser hervorgegangen sein, weil neugeborene Landtiere einschließlich menschlicher Babys in ihrer Hilflosigkeit keine Überlebenschance haben – eine sinnreiche Deutung guter Beobachtungen. Auch ergeben die Schlüsse, die aus den augenfälligen Himmelserscheinungen gezogen werden, trotz extremer Phantastik ein allem zuvor Dagewesenem überlegenes Weltbild. Ihm zufolge hat sich unser dem ápeiron entstammender Kosmos zu einem System konzentrisch kreisender, feuergefüllter Schläuche entwickelt, aus deren Löchern Sonne, Mond und Sterne hervorleuchten. Die Gestirne brauchen also – und darin besteht der Fortschritt in dieser Absonderlichkeit – nicht mehr einen Teil ihres Umlaufs auf dem Ozean schwimmend zurücklegen. Vielmehr war durch ihre Ringe die sichtbare Himmelshalbkugel zur Vollkugel ergänzt. In ihrem Zentrum wiederum schwebt frei die Erde – und zwar aus Symmetriegründen! Angesichts einer solch ganz modernen Argumentation erwartet man die Behauptung, daß auch die Erde kugelförmig sei. Anaximander hält sie jedoch für einen Zylinder, dessen Höhe ein Drittel des Durchmessers der Grundfläche betrage.

Derartige Details schmälern aber nicht seinen Ruhm, den ersten Entwurf des über Jahrhunderte vorherrschenden Modells eines sphärischen Weltsystems vorgelegt zu haben. Im Gegensatz zur späteren großen, wenn auch nicht einzigen Traditionslinie war indessen für ihn die Oberfläche der Himmelskugel nicht das Ende der Welt schlechthin, sondern nur der Rand, der den geordneten Kosmos vom ápeiron trennt, das so wenig äußere wie innere Schranken hat. Anaximander scheint als erster ernsthaft reflektiert zu haben, wie sich der Natur der Sache nach Raum und Zeit hinter jeder Grenze weiter erstrecken. Er hat diese Unendlichkeit unter der kühnen anschaulichen Annahme zu verstehen versucht, daß in räumlich festen Abständen immer wieder ein neues Weltsystem auftaucht, das wiederum zeitlich periodisch aus dem ápeiron entsteht und darein zurücksinkt. Diesem Auf und Ab entspricht eigentlich ein Verständnis der Zeit, das sich weniger nach dem Bilde der unendlichen Geraden als vielmehr des Kreises richtet – eine Denkmöglichkeit, der die griechische Philosophie besondere Aufmerksamkeit widmen wird.

Die Zeitgenossen haben dem Anaximander in seinem weit ausholenden theoretischen Vorlauf schwerlich folgen können. Selbst Anaximines (um 585–525), der Meisterschüler, vermochte nicht, unbeirrt an den wirklichen Errungenschaften der Kosmologie wie auch der Lehre vom ápeiron festzuhalten. Insbesondere hat er die arché wieder mit einem bestimmten bekannten Stoff, nämlich mit der Luft, identifiziert. Seine der Anschauung zuneigende Denkweise, die hierin zum Ausdruck kommt, ließ ihn aber andererseits das Hervorgehen der Dinge aus dem Weltsubstrat auf ausgesprochen physikalisch-mechanische Weise verstehen, und zwar nach dem Prinzip der Verdünnung und Verdichtung, womit, wie er richtig bemerkt, Erwärmung bzw. Abkühlung einhergeht. Wenn sich die Luft verdünnt, wird sie seiner Meinung nach zu Feuer, bei zunehmender Verdichtung hingegen bilden sich nacheinander Wind, Wolken, Wasser, Erde und, bei äußerster Kontraktion, Stein. Man muß bedenken, daß beim Übergang vom gasförmigen in den kondensierten Zustand die Dichte um das Ein- bis Zweitausendfache zunimmt, wenn man die physikalische Imagination des Anaximines angemessen würdigen will. Für sie spricht es auch, wie er seine Theorie auf konkrete Tatsachen anzuwenden weiß. So erklärt er, Hagel entstehe, wenn das aus den Wolken tropfende Wasser, Regen also, erstarrt, Schnee dagegen beim Gefrieren der feuchten Wolken selbst. „Ein modernes Lehrbuch der Meteorologie sagt uns ziemlich dasselbe", kommentiert Erwin Schrödinger.[4]

Andererseits sind ganz archaische Züge bei den milesischen Naturphilo-

[4] Schrödinger, E. [19] S. 80

sophen unübersehbar. Ist doch für sie die arché — Wasser, ápeiron oder Luft — nicht nur Grundstoff, sondern auch Urgrund, Bewegungs- und Lebensprinzip und als solches etwas Seelisch-Geistiges. Mit dieser Lehre, die als Hylozoismus (hyle = Materie, zo-os = belebt) bezeichnet wird, sind in der Tat Denkgewohnheiten aufbewahrt, die bis in die Vorstellungswelt eines Naturmenschen der Urgesellschaft zurückverfolgt werden können. Der nämlich hatte erfahren, daß sich feste Körper nicht von allein bewegen, wohl aber das Wasser der Flüsse, die Lüfte des Windes, dabei die schweren Gegenstände mitreißend. Es bewegen sich aber auch Tiere wie Menschen, und zwar zielgerichtet, Absichten verfolgend. Beides erscheint nun als von derselben Art. In den Lebewesen ist ein sehr feiner, bewegender Stoff wirksam, die Seele. Nachdem sie im Tode „ausgehaucht" ist, fällt der Leichnam in die Starre. Umgekehrt sind überall, wo sich etwas bewegt, Lebewesen am Werk, Gespenster, Dämonen, jedoch auch unpersönliche Mächte, welche alle gewöhnlich unsichtbar wie die Luft auch deren stoffliche Qualitäten besitzen. Mehrere Sprachen haben diese Vorstellung konserviert, so bedeutet z. B. „psyche, pneuma, spiritus" sowohl „Seele, Geist" als auch „Hauch, Luft".

Besteht aber jetzt die ganze hyle in Wahrheit aus Aggregatzuständen dieser beweglichen, belebenden Luft, so ist ein Dualismus zwischen fauler, träger Materie und aktivem, agilem Lebensstoff hinfällig. Bewegung wird zum konstitutiven Merkmal aller Materie, ohne jedoch schon ihre psychisch-teleologischen Qualitäten abgestreift zu haben. Eben das mußte geschehen, sollte sich Hylozoismus zu vollgültigem Materialismus umgestalten. Ehe aber noch die griechische Philosophie ihr großes materialistisches System präsentiert, hatte sie auch den entgegengerichteten, zum Idealismus führenden Weg eröffnet. Der archaische intelligente, bewegliche und bewegende Lebensstoff wird gewissermaßen immer dünner, er entstofflicht sich zusehends und wird dabei in irgendeine immaterielle, geistartige Wesenheit verwandelt.

Als Zeuge für solchen Qualitätsumschlag kann Heraklit von Ephesos (um 544—483) benannt werden. Gewiß, er hält noch an der Stofflichkeit der arché fest. Aber sein Grundsubstrat, pyr, das Feuer, ist so unaussprechlich feiner und agiler als die Luft des Anaximines, daß sich unterderhand der funktionale Aspekt der arché verselbständigt, als „der logos" hypostasiert. Er ist das objektive vernünftige Weltprinzip, im Kosmos wirkend wie im subjektiven Geist, in welchem es als „das Wort", als sprachlich formuliertes Gesetz zu Bewußtsein gelangt. Allerdings, meint Heraklit, nicht bei den Massen, die er so abgrundtief verachtete! In seinem elitären Hochmut hatte er in gesellschaftlicher Hinsicht eine extrem aristokratische Position bezogen, von der aus er indessen die sozialen und politischen Widersprüche — zwischen Freien und Sklaven, zwischen den Parteien der Demokratie und der Oligarchie, zwischen Griechen und persischen Usurpatoren — außerordentlich empfindsam und scharfen

Verstandes reflektierte. Und indem er nun den Kampf der Gegensätze zum großen Thema seiner Philosophie erwählt, geht er als höchst progressiver, in vielem revolutionärer Denker in die Geschichte ein als ein Wegbereiter der Dialektik, deren Grundzüge er in aphoristischer Weise („naiv und köstlich", sagt Lenin)[5] erfaßt.

Heraklit erblickt das Wesen der Welt in ihrem unablässigen Werden und Vergehen, in ihrer ständigen Bewegung, welche durch den Widerstreit des Gegenläufigen bewirkt wird. Diesen Streit als etwas Immerwährendes, Allgemeingültiges, Unvermeidbares, kurzum als das Naturgesetz begriffen zu haben, ist das Verdienst des Heraklit. Seinem Ansatz gemäß beherrscht dieses Gesetz selbstverständlich auch die Gesellschaft, denn es ist ja nichts anderes als eben der allumfassende logos. In dessen Einzigkeit kommen auch die Gegensätze zur Identität. Das Gesetz ihres Kampfes ist das ihrer Einheit. „Alles ist eins",[6] sagt Heraklit. Und die Welt als dieses Eine aus allem „haben weder der Götter einer noch der Menschen einer gemacht, sondern sie wird immer und wird sein ein ewig lebendiges Feuer nach Maßen sich entzündend und nach Maßen verlöschend".[7] Es ist dieses Fragment, das Lenin zu dem Ausruf: „eine sehr gute Darlegung der Prinzipien des dialektischen Materialismus"[8] bewog.

Dem steht nicht entgegen, daß die frühen, wenig ausgereiften philosophischen Versuche auch die Möglichkeit offenließen, den Gang der Gedanken in anderer Richtung zu entwickeln. So ist das Eine im Monismus des Heraklit schwerlich noch wie bei den Milesiern die unter den wechselnden Akzidentien verbleibende Substanz. Nein, sie hat sich in den Feuerlogos verflüchtigt. Was ewig bleibt, ist der Wechsel selbst! Lauert hier hinter der glanzvollen Heraklitschen Dialektik nicht auch die Versuchung, „Bewegung ohne Materie" zu denken?

Die Antwort der Philosophiegeschichte ist der metaphysische Gedanke, daß „Materie ohne Bewegung" sei. Ihn haben die Eleaten, namentlich Parmenides (um 520–455) und Zenon (um 490–430) vorgetragen, möglicherweise als Reaktion auf die Lehren des Heraklit. Der nämlich hatte, Anaximander folgend, die unaufhörliche Bewegung als Kreislauf, ewige Wiederkehr verstanden. Geschieht aber immer wieder dasselbe, so gibt es im Prinzip nichts Neues. Warum dann nicht gleich behaupten, daß überhaupt nichts geschieht? Also bestreitet man die Realität der Bewegung und behauptet, der vielfältige Wandel der Dinge, ihr Kommen und Gehen sei reiner Schein. Für die Eleaten erweist sich damit die bunte Mannigfaltigkeit der Welt selbst als bloßes Trugbild. Was

5 Lenin, W. I. [12] S. 327
6 Capelle, W. [2] S. 168
7 Diels, H. [3] 22 B 30
8 Lenin, W. I. [12] S. 331

in Wahrheit existiert und deshalb schlechthin als „das Seiende“ bezeichnet wird, ist alles eines. Es ist das „Eine und Alles“, das „hen kai pan“, nicht etwa, weil in ihm die Gegensätze dialektisch aufgehoben wären, sondern weil es jeglicher Unterscheidungsmerkmale entbehrt.

Diese Lehre ist so absonderlich (nahezu wahnwitzig, meinte schon Aristoteles),[9] daß sich eine weitere Erörterung zu erübrigen scheint. Trotzdem kann man hier bei näherem Hinsehen einige wissenschaftshistorisch bedeutsame Ideen und Probleme in sehr frühem Entwicklungsstadium entdecken.

Wir wollen davon ausgehen, daß Parmenides Unterscheidung noch als räumliche Trennung empfindet. Daher ist das „Eine und Alles“, das nicht zu differenzierende „Seiende“ eine den Raum homogen erfüllende Substanz, ähnlich dem Anaximandrinischen ápeiron, jedoch nicht wie dieses unendlich. Denn was kein Ende hat, gilt jetzt als „unvollendet“ und somit als minderwertig. Dem Seienden aber „haftet keinerlei Mangel an“. Es hat folglich „eine letzte Grenze“ und ist „so nach allen Seiten vollendet, gleich der Masse einer wohlgerundeten Kugel“.[10]

Hier erklingen philosophische Motive, um derentwegen die Doktrin vom sphärischen, abgeschlossenen Kosmos in der antiken Wissenschaftsgeschichte einen enormen Stellenwert erlangte, wie er uns heute schwer verständlich ist, weil wir automatisch fragen, was hinter der Weltkugel sei. Parmenides empfand hierbei wahrscheinlich — überliefert ist darüber nichts — kein Problem. Denn für ihn handelte es sich um die Grenze des Seienden, dahinter befände sich also das Nichtseiende. Indessen, der fundamentale Satz des Parmenides lautet: Das Nichtseiende existiert nicht!

Da das Seiende mit dem Raumerfüllenden identifiziert wurde, folgte weiter: Es gibt kein Vakuum, weder innerhalb, noch (wie wir dem Sinn entsprechend hinzufügen dürfen) außerhalb der Weltkugel! Mit der Undenkbarkeit des Vakuums verhält es sich wie mit der Endlichkeit der Welt: Gerade als Vorurteile spielen jene Thesen eine zentrale Rolle in der Geschichte der physikalischen Konzeptionen.

Ebenso gehört in die Annalen dieser Geschichte die paradoxe Anti-Physik, mit der Zenon, der Schüler des Parmenides, das Denken herausforderte. Auf die vollständige Aufzählung seiner Trugschlüsse verzichtend, wenden wir uns sogleich dem berühmtesten zu, dem Wettlauf zwischen Achilles und der Schildkröte. Der schnelle Läufer gibt dem langsamen Tier einen Vorsprung. Bis er diesen durcheilt hat, wird die Kröte eine Strecke entlang gekrochen sein und somit einen zweiten, wenn auch kleineren Vorsprung haben, dem sich auf dieselbe Weise ein dritter, noch geringerer Vorsprung anschließt, und so ad infi-

[9] DIELS, H. [3] 28 A 25
[10] CAPELLE, W. [2] S. 168

nitum weiter. Diese an sich richtige Feststellung wendet Zenon nun ins Paradoxe, um im Sinne seines Meisters die Bewegung als trügerischen Schein abzutun: Immer sei die Schildkröte dem Achilles ein wenn auch beliebig kleines Wegstück voraus, er könne sie nicht überholen! Erfahrungsgemäß tut er es aber doch, nachdem er eine nur endliche Strecke gelaufen ist. Hätte Zenon diese Tatsache ernstgenommen, so würde ihn sein Ansatz zu dem Schluß geführt haben, daß sich zu eben einer solchen endlichen Strecke die erwähnten unendlich vielen, immer kleiner ausfallenden, wiewohl endlichen Wegstücke aufsummieren. Das wäre ein Schritt in Richtung auf die angemessene Theorie, die Infinitesimalrechnung, gewesen, ein kleiner Schritt, doch immerhin ein Fortschritt. Denn Zenon war in dem zeitgenössischen Irrtum befangen, daß alle unendlichen Reihen divergieren. Das geht aus seinen Antinomien der unendlichen Teilbarkeit hervor. Er hat sie mit der Absicht ersonnen, die elastische These von der Unwirklichkeit der Vielfalt der Dinge zu erhärten. Tatsächlich hat er aber eine fundamentale physikalische Frage, nämlich ob die Materie eine diskrete Mannigfaltigkeit oder ein Kontinuum sei, in die Wissenschaftsgeschichte eingebracht.

Ein weiteres grundlegendes Kapitel derselben, und zwar das Kapitel „Relativitätsprinzip", wurde ebenfalls von Zenon auf solche Weise eröffnet. Er betrachtet zwei parallele Reihen von je vier einander berührenden Kugeln. Die eine Reihe ruht (relativ zum Laboratorium), während die andere an ihr vorbeirollt. Mit gleicher Geschwindigkeit bewegt sich in entgegengesetzter Richtung ein Körper. Um an den ihm entgegenrollenden vier Kugeln vorbeizukommen, benötigt er offenkundig nur halb so viel Zeit wie zum Passieren der gleich langen ruhenden Anordnung. Folglich, so würden wir hinzufügen, fliegt ein und derselbe bewegte Körper an den beiden Kugelgruppen mit zwei verschiedenen Geschwindigkeiten vorüber, die eine doppelt so groß wie die andere. Jedoch bleibt dem Zemon diese Einsicht in den relativen Charakter der Geschwindigkeit verwehrt. Daher kommt er zu der contradictio in adjecto, „daß die halbe Zeit gleich der doppelten sei",[11] womit er wiederum meint, die Irrealität der Bewegung erwiesen zu haben. Eine Ironie der Geschichte will es, daß zweieinhalbtausend Jahre später die eleatische Konzeption von einer Welt, in der es kein Nacheinander gibt, sondern „alles auf einmal da ist", nicht des aktuellen Bezuges entbehrt. Zu Beginn unseres Jahrhunderts hat nämlich Einstein durch äußerste Präzisierung des Zenonschen Gedankenexperiments die Relativität auch der Gleichzeitigkeit nachgewiesen. Hiermit ist nun tatsächlich der ontologische Aspekt der Zeit schwer zu vereinbaren, d. h., der Anspruch der Gegenwart, im Unterschied zur nicht wirklichen Vergangenheit und zur noch nicht wirklichen Zukunft allein existent zu sein.

[11] Capelle, W. [2] S. 179

Der Hinweis auf Aporien, in die wir uns heutzutage verstrickt sehen, kann die eleatische Philosophie selbstverständlich genausowenig vor herber Kritik bewahren wie die Aufzählung physikalisch interessanter Probleme, die sie berührt hat. Weniger daß sich die Eleaten an diesen Problemen überhoben haben, ist ihnen anzulasten, als vielmehr die Überheblichkeit, mit der sie das nicht zur Kenntnis nehmen wollen. Wenn ihr Denken mit offenkundiger Erfahrung in eklatanten Widerspruch gerät, ziehen sie nicht etwa die doch naheliegende Möglichkeit in Betracht, selbst nicht richtig, nicht tief genug nachgedacht zu haben, sondern erklären das Zeugnis der Sinne kurzerhand für trügerischen Schein.[12] In derart extremer Ausprägung sind Überschätzung des reinen Denkens und Abwerten der sinnlichen Erfahrung historisch natürlich nicht durchzuhalten. Aber die mehr oder minder milderen Formen dieser Untugenden erweisen sich in der Geistesgeschichte als virulent genug, um dem Entstehen der physikalischen Wissenschaft über die Jahrhunderte effektvoll entgegenzuwirken.

Das wäre freilich schwer verständlich, würde sich die unphysikalische Denkungsart nicht aus kräftigen ideologischen Wurzeln nähren, würde sie nicht gewichtige Klasseninteressen widerspiegeln. Was die eleastische Schule betrifft, so entspricht sie im Unterschied zu ihrer milesischen Vorgängerin offenbar nicht mehr dem weltzugewandten Aktivismus einer progressiven Kaufmanns- und Unternehmerklasse. Im System des „Weltallstillstellers",[13] wie Platon den Parmenides nannte, findet vielmehr die vornehme Zurückgezogenheit einer in Muße lebenden, aristokratischen Oberschicht philosophischen Ausdruck, die sich über die Produktionssphäre erhoben sieht und überheblich auf die Praxis herabblickt.

Dort unten liegt das Reich der körperlichen Arbeit, bestenfalls der manuellen Kunstfertigkeit, regiert von überlieferten Verfahren und empirischen Regeln, doch nicht von der Einsicht abstrakten Denkens. Dies zu entwickeln wird durch die Mühsal eines Lebens in Arbeit unmöglich gemacht. Und sie wiederum erscheint denen, die solcher Plage enthoben sind, geradezu als Feind der Gelehrsamkeit, unwürdig, ja prinzipiell untauglich, zum Gegenstand wissenschaftlicher Wahrheitsfindung erkoren zu werden.

Von der Praxis und darüber hinaus von der gesamten Welt sinnlicher Erfahrung könne es vielmehr nur „doxa" geben, d. h. „Ansichten", „Meinungen", zu denen das Subjekt mit gewisser Zwangsläufigkeit zwar aber doch irrtümlicherweise gelangt. Nach der extremen Doktrin des Parmenides handelt es sich um Wahnvorstellungen von Dingen, die überhaupt nicht existieren, während

[12] Seltsamerweise hat Parmenides seiner Identitäts-Ontologie eine im Stil der zeitgenössischen Naturphilosophie gehaltene Theorie jener Scheinwelt hinzugefügt.

[13] DIELS, H. [3] 28 A 26

bei weniger rigoroser Auffassung die „doxa“ ein Halbwissen über niederes, nicht vollgültiges Sein darstellt.

Wahren Seins hingegen werde das reine Denken und nur das reine Denken teilhaftig. Doch wohin kann es sich denn tatsächlich noch wenden, wenn es sein natürliches Hinterland, die Erfahrungswirklichkeit verschmäht? Offenbar muß es auf sich selbst und auf seine eigenen Produkte zurückgreifen. Eine solche Wende wurde aber damals keineswegs als Introspektion empfunden. Denn in ihrem Verlauf traten Sachverhalte zutage, die der subjektiven Willkür durchaus entzogen sind, nämlich die Logik im allgemeinen und die mathematischen Deduktionsverfahren im besonderen. In der Tat, die Schlüssigkeit eines Syllogismus oder die Beweiskraft einer mathematischen Demonstration stehen ja ganz und gar nicht im Belieben des urteilenden Subjekts, genausowenig wie sie von der Erfahrung oder von den Zeitläufen abhängen.

Eben dessen begannen einige antike Philosophen gewahr zu werden. Sie spürten, wie die Logik, noch ehe sie ihrer zureichend kundig waren, dem Denken mit eigentümlicher Gewalt bestimmte Urteile aufnötigt, d. h., es jeweils zu der Einsicht zwingt, daß eine Sache so und nicht anders „ist“. Da das Wesen jenes logischen Zwanges undurchschaubar war, bildete sich die — ideologisch favorisierte — Überzeugung, im Denken manifestiere sich notwendigerweise und unmittelbar das „Sein“.

Bei Parmenides ist solche Manifestation urtümlich einfach Identität. Demgemäß schreibt er: „Dasselbe aber ist Denken und des Gedankens Gegenstand“[14], nämlich das „Seiende“. Gewissermaßen existiert es, indem es sich selbst denkt. Wie die Proben seines Könnens unschwer zeigen, sind indessen die Einsichten des eleatischen Denkens in die Theorie der Logik mit dem Identitätssatz, „A ist A“, und dem Satz vom ausgeschlossenen Widerspruch, „Nicht-A ist nicht A“, erschöpft. M. a. W. die Eleaten durchschauen nicht, mit welchem Kalkül das Denken auch nur zwei verschiedene Dinge, A und B, miteinander verknüpfen kann. Eben daher gibt es für sie lediglich das eigenschaftslose „Eine und Alles“, das „Seiende“. Wenn wir nun letzteres in den zwei erwähnten logischen Formeln für die Variable A substituieren, erhalten wir in Form der beiden Sätze „das Seiende existiert“ und „Nichtseiendes existiert nicht“, die ganze eleatische Ontologie. Sie ist somit eine Substantivierung einer aufs äußerste reduzierten Logik.

Jedoch ist die Substanz, welche solcherart gewonnen wird, kein gänzliches Novum, sondern andererseits äußerstes Raffinat der hylozoistischen, sowohl materiellen als auch beseelten Realität. Ihre psychischen Qualitäten sind zu jenem reinen Denken profiliert, das genau genommen nur seine eigene Existenz zum Inhalt hat. Ihre materiellen Attribute wurden, wie oben dargelegt, auf

[14] Capelle, W. [2] S. 167

raumerfüllende Stofflichkeit restringiert. Schwerlich konnte sie noch mehr verarmen. Deshalb mußte jedes weitere Philosophieren darauf zielen, ihre Vielfalt zu verteidigen oder zurückzuerobern. Dabei geht das „Seiende" entweder der geistig-logischen Qualität verlustig und wird als Stoff verstanden, der sich im Raume formenreich angeordnet bewegt; oder aber die Körperlichkeit verschwindet und die ontologische Interpretation einer reduzierten Logik wird zur Hypostase einer vollständigen Ideenwelt ausgebaut. Diese große Linie der griechischen Naturphilosophie findet im Materialismus Demokrits bzw. im objektiven Idealismus Platons ihre Vollendung. Zu ihnen werden die Ströme des griechischen Denkens gleichsam über die Drehscheibe der so absonderlich anmutenden eleatischen Philosophie gelenkt. Natürlich fließen sie nicht voneinander getrennt und von der Welt isoliert, sondern entfalten, durch den Meinungsstreit aufeinander bezogen, ihren ganzen Reichtum im Kontext mit der allgemeinen Geschichte.

Sie hatte während der ersten beiden Jahrzehnte des 5. Jahrhunderts im griechischen Osten alle Kräfte auf die Abwendung der tödlichen Bedrohung durch die persischen Heerscharen konzentriert. Der Schwerpunkt der kulturellen Entwicklung war deshalb in dieser Epoche von der kleinasiatischen Küste in den unteritalienisch-sizilianischen Raum gewandert. Hier prägte indessen noch Konservatismus das öffentliche Leben. Charakteristisch dafür war das Erblühen religiöser Mysterienkulte, insbesondere aber die außerordentliche Aktivität einer Ordensgemeinschaft, deren Mitglieder in zum Teil asketischer Lebensführung um die „Reinigung" der Seele im Hinblick auf ihr postmortales Schicksal Sorge trugen, zu gleicher Zeit jedoch auf Erden die Politik eines aristokratischen Regimes militant verfochten. Der Gründer dieser Bewegung war niemand anderes als Pythagoras (um 570—500), dessen Leben und Wirksamkeit allerdings schon die antike Historiographie nicht mehr recht nachzukonstruieren vermochte. Wahrscheinlich war er selbst in erster Linie Mystiker und Glaubenslehrer. Zum Prototyp des wissenschaftlichen Forschers dürften ihn erst seine Anhänger umgedeutet haben, welche in späterer Generation unter dem Einfluß des Geistes der aus dem Osten einströmenden milesischen Aufklärung tatsächlich einen Eckstein im Fundament physikalischen Denkens gelegt haben.

Zunächst freilich vermochte dieser Geist nicht mehr, als einigen der Widersacher seine ureigene Waffe, die rationale Argumentation, aufzunötigen. Und aus solcher Begegnung von Rationalität und Mystik geht die hymnisch vorgetragene Philosophie des Parmenides hervor, welche durch ihre exzessive Abkehr von der sinnlichen Wirklichkeit unschwer als intellektualistische Umformung eines mystischen Jenseitsstrebens erkennbar ist. Ebenso sind wohl noch zu Lebzeiten des Parmenides und in Auseinandersetzung mit ihm innerhalb des pythagoreischen Bundes selbst Kräfte ans Werk gegangen, um der abergläubischen Sternendeuterei die astronomische Spekulation, dem kultischen Musikbetrieb die Musiktheorie, der Gesundbeterei die Medizin, in erster Linie aber der Zahlenkabbala die mathematische Forschung beizugesellen. Mit welcher Intensität letztere betrieben wurde, erhellt daraus, daß sie schon bald mit der Problematik des Infinitesimalen ernsthaft konfrontiert war, worauf wiederum die oben erwähnten, im zweiten Drittel des 5. Jahrhunderts von Zenon in polemischer Absicht vorgetragenen Paradoxien hindeuten.

Zu dieser Zeit allerdings stand den Pythagoreern der Sinn kaum nach wissenschaftlichem Meinungsstreit, sahen sie sich doch in der unangenehmen Situation, als Exponenten des aristokratischen Lagers recht handfesten Repressalien ausgesetzt zu sein. Es war nämlich die Epoche angebrochen, in welcher die demokratische Bewegung, aktiviert durch den allgemeinen Wirtschaftsaufschwung nach den entscheidenden Siegen über die Perser (480/79), vielerorten in der griechischen Welt die Macht erringt und für wenige Jahrzehnte die Polisdemokratie im Zustand ihrer höchsten Blüte erhält.

Auf Sizilien beherrscht jetzt mit Empedokles (um 495–435) von Agrigent ein charismatischer Führer die Szene. Er war ein Sühnepriester und Prophet, dessen Glaubenslehre im wesentlichen den gängigen orphisch-pythagoreischen Mysterien entsprach, der aber die religiösen Potenzen der Massen in die Bahnen der demokratischen Bewegung lenkte, an deren Spitze er sich stellte. Er erscheint als faustischer Mensch, der in großen Meliorationsunternehmen den Plagen des Volkes Abhilfe schafft, sich andererseits der Magie ergibt und doch wiederum mit heißem Bemühen die Wissenschaft von der Natur betreibt. Dabei nun ist er der eigentliche Widerpart des gleichaltrigen Zenon. Während dieser mit seiner Anti-Physik die rigorose eleatische Ontologie ohne Abstriche verteidigt, arbeitet Empedokles einen Kompromiß aus, um ihre Errungenschaften mit denen der milesischen philosophischen Physik zu versöhnen.

Dasselbe Ziel verfolgte auf seine Art zur gleichen Zeit in Athen ein Philosoph, der sich ansonsten von dem enthusiastischen sizilianischen Mystiker als nüchterner, intellektueller Aufklärer grundsätzlich unterschied. Wir meinen Anaxagoras (um 500–428), einen Freund und Vertrauten des Perikles (um 494–424), dessen Staatskunst bekanntlich die attische Demokratie vollendete und an die Spitze der sozialökonomischen, politischen und kulturellen Entwicklung führte. Der Preis für diesen Höhenflug bestand aber darin, daß die Produktion zunehmend von der Sklaverei ergriffen und angekurbelt wurde, was wiederum innerhalb der freien Bürgerschaft die Konzentration des Reichtums und damit die soziale Polarisierung widerspruchsvoll beförderte. Neureiche verstärkten die konservative Fraktion, welche einer der Erweiterung des ökonomischen Spielraums dienenden, expansiven, hegemonialen Außenpolitik Rückhalt gab und zu diesem Zweck nach innenpolitischer Disziplinierung rief.

Solche Atmosphäre ist jedoch naturwissenschaftlicher Aufklärung wenig bekömmlich. So veranlassen die Umtriebe religiöser Dunkelmänner den Anaxagoras, noch im hohen Alter zu emigrieren. Und die Begründer des materialistischen Atomismus, Leukipp und Demokrit, haben — vermutlich dieser Verhältnisse wegen — sich erst gar nicht in Athen niedergelassen, sondern es vorgezogen, — letzterer nach weiten Reisen — den Wohnsitz in ihrer Heimatstadt Abdera zu nehmen, einem Gemeinwesen an der Nordküste des Ägäischen Meeres. Ihrer günstigen geographischen Lage vor den Toren Thrakiens verdankte jene kleine Polis eine gesunde wirtschaftliche Prosperität, die im Unterschied zu der hektischen Überhitzung in der attischen Metropole ein zwar provinzielles aber einigermaßen ausgeglichenes und stabiles soziales und kulturelles Klima gewährleistet haben dürfte, in dem hinwieder die materialistischen Naturphilosophen eine gedeihliche Wirksamkeit entfalten konnten.

Diese Möglichkeit bot die Stadt Abdera nicht nur Leukipp, der noch zur Generation des Zenon, Empedokles und Anaxagoras gezählt werden darf, sondern auch seinem großen Schüler und Mitarbeiter Demokrit (um 460—370). Das verdient Hervorhebung. Denn zu dessen Lebzeiten war ja andererorts die griechische Sklavereigesellschaft von ihren sozialökonomischen und politischen Widersprüchen bereits in Krise und Krieg getrieben worden. Und wie es unter solchen Umständen zu sein pflegt, hatte sich die philosophische Diskussion der gesellschaftlich-ethischen Problematik zugewandt, mit einer Leidenschaft, von der das Schicksal des Sokrates (470—399) ein tragisches Zeugnis gibt. Da verblaßt das Interesse an Spekulationen über die Natur. Tatsächlich ist auf diesem Gebiet zu Demokrits Lebzeiten nur ein einziger, mit ihm vergleichbarer Philosoph bekannt geworden, nämlich Philolaos (dessen genauere Lebensdaten nicht überliefert sind). Er, der in Theben lehrte, beginnt das bis dahin vornehmlich esoterisch überlieferte pythagoreische Gedankengut literarisch wirksam zu machen. Während in Demokrits Werk das materialistische Naturverständnis der Antike ausreift, hebt mit Philolaos die idealistische Linie an, das Terrain zu erobern, um ihrerseits von der nächsten Generation zu klassischer Vollendung geführt zu werden. Diese Generation brachte unter den Pythagoreern, die in Süditalien wieder zu Einfluß und Geltung gelangt waren, eine als Staatsmann und Strategen wie auch als Mathematiker und Philosoph überragende historische Gestalt hervor. Es war Archytas von Tarent (gest. um 365), dem wiederum der etwa gleichaltrige Platon (427—347), in persönlicher Freundschaft verbunden, entscheidende Denkanstöße verdankt.

Nach einer solchen ersten Übersicht wollen wir nunmehr die beiden Hauptrichtungen griechischer Natur- und Seinsphilosophie in einigen Details studieren. Den idealistischen Pythagoreismus und Platonismus dem zweiten Teil dieses Essays vorbehaltend, richten wir unseren Blick zunächst auf die materialistische Traditionslinie, welche von Empedokles, Anaxagoras und von den Atomisten Leukipp und Demokrit gezeichnet wurde. Bei dem „Seienden" des

Parmenides als einem raumerfüllenden Stoffe anhebend, gestehen alle diese Philosophen dem Eleaten von vornherein die Unerschaffbarkeit und Unzerstörbarkeit jener Materie zu, und damit auch deren Unveränderlichkeit, insofern eine Verwandlung als Vernichtung eines „Seienden" bei gleichzeitiger Erzeugung eines anders beschaffenen verstanden werden kann. Unerträglich ist dagegen den realitätsbewußten, der demokratischen Bewegung verpflichteten Männern der Gedanke, das ganze mannigfaltige Weltgeschehen als reine Täuschung abtun zu müssen.

In ihrem Bestreben, Bewegung und Entwicklung zu verteidigen, finden jene Denker natürlich bei der Heraklitschen Dialektik Rückhalt. Unter ihrem Einfluß gehen sie, jeder auf seine Weise, ans Werk, die eleatische Ontologie zu modifizieren. Anaxagoras setzt ihrem Monismus einen ausgesprochenen Pluralismus entgegen. Was existiert ist, wie er lehrt, durchaus nicht „alles eins". Nein, so viele verschiedene Stoffe wahrgenommen werden, so viele Ursubstanzen unterschiedlicher Qualität gibt es auch, eine jegliche ungeworden, unvergänglich, unveränderlich, „denn wie könnte aus Nichthaar Haar und aus Nichtfleisch Fleisch entstehen"?[15]

Daß allem Anschein nach sich Derartiges gleichwohl ständig ereignet, weiß Anaxagoras folgendermaßen begreiflich zu machen: Die Dinge bestehen nicht etwa aus den reinen Ursubstanzen, sondern stellen vielmehr Mischphasen dar. Für die Wahrnehmung freilich hebt sich die jeweils am stärksten konzentrierte Komponente deutlich heraus und bestimmt das Eigenschaftsbild der einzelnen Materialien. Deren scheinbare Erzeugung und Verwandlung ist nun in Wahrheit einfach ein Wechsel jener Dominanz und zwar vermöge einer Änderung der lokalen Mischungsverhältnisse, welcher Prozeß als der einzig reale aufgefaßt wird. Unter Berufung auf ihn kann Anaxagoras insbesondere die Kosmogonie des Anaximander veranschaulichen. In diesem Fall nämlich scheiden die Dinge, die erwähnten Mischphasen also, aus einer Urmischung aus, welche sich wie das „ápeiron" als ungegliederte und qualitätslose Masse darbietet, weil in ihr alle Ursubstanzen in gleichen Proportionen homogen gemischt sind. Da weiterhin alle Dinge auseinander hervorzugehen scheinen, müssen sie ebenfalls sämtliche Ursubstanzen enthalten, nicht nur die qualitätsbestimmende, sondern auch, obschon in geringeren Konzentrationen, alle übrigen.

Herrschen nun diese Verhältnisse auf mikroskopischem Niveau genauso wie im Makroskopischen? Eine solche Frage mußte sich für Anaxagoras sogleich stellen, widmeten doch damals alle Naturphilosophen, inspiriert durch die aufsehenerregenden Paradoxien Zenons, dem Infinitesimalen besondere Aufmerksamkeit. Entgegen der seinerzeit vorherrschenden Meinung ist Anaxagoras von der unbeschränkten Teilbarkeit der Materie überzeugt, „denn es gibt kein

[15] Capelle, W. [2] S. 263

Allerkleinstes, sondern immer noch ein Kleineres".[16] Darüber hinaus aber, so scheint es, beantwortet er die eingangs formulierte Frage ebenfalls positiv, nämlich durch die Annahme, daß in jedem beliebig kleinen Teil einer Phase noch alle Ursubstanzen mit unveränderten Konzentrationen gemischt sind.

Eine Analyse dieser These führt in ernste begriffliche Schwierigkeiten. Die griechischen Wissenschaftler, mit den Aporien des Unendlichen wohl vertraut, dürften das nicht übersehen und deswegen der Antithese den Vorzug gegeben haben. Ihrzufolge durchdringen sich die Substanzen nur in makroskopischer Sicht. Hingegen mikroskopisch betrachtet liegen sie in winzig kleinen Bruchstücken, die jedoch eine minimale Ausdehnung nicht unterschreiten, sich berührend nebeneinander. Was in alltäglicher Größenordnung als homogene Mischphase erscheint, erweist sich in gehörig kleiner Abmessung als heterogenes Gemenge reiner Mikrophasen.

Hiernach verfügt das Reich des Mikroskopischen, der Intention des Anaxagoras zuwider, keineswegs über dieselbe qualitative Beschaffenheit wie die Wahrnehmungswelt. Zu jedem ihrer Stoffe eine besondere Ursubstanz, insgesamt also unübersehbar viele verschiedene Materiesorten, in Kauf zu nehmen, ist dann aber schwerlich länger angezeigt. Empedokles, der das gesehen haben muß, hält es daher für ausreichend, nicht mehr als vier qualitativ verschiedene Ursubstanzen zu postulieren: Erde, Wasser, Luft und Feuer. Damit hat er die Idee des chemischen Elements in die Naturforschung eingebracht. Zugleich gab er ihr den Gedanken mit auf den Weg, daß sich die Elemente in konstanten Mengenverhältnissen vereinigen. Wie er zu berichten weiß, entstehen „die weißen Knochen, durch der Harmonie Leimkräfte aneinander gefügt mit göttlicher Schönheit", wenn zwei Teile Erde „zu ihrer Freude"[17] ebensoviel Wasser und vier Teile Feuer an sich bringen.

Aber nicht nur in den Proportionen, nach denen sich die Elemente verbinden, sondern auch in der Art und Weise, wie sie sich im mikroskopischen Bereich geometrisch anordnen und bewegen, dürfte Empedokles einen Erklärungsgrund für die Erscheinungen erblickt haben. Jedenfalls weisen einige seiner Spekulationen darauf hin, daß ihm eine derartige Wendung der naturerklärenden Vorstellung von der „Mischung" unveränderlicher Ursubstanzen vorschwebte.

Klar erkannt, in den Mittelpunkt seines Systems gestellt und konsequent durchgeführt hat aber Demokrit (wenn nicht schon Leukipp) das sich hier ankündigende fundamentale Prinzip unseres Naturverständnisses: Der Reichtum makroskopischer Strukturen und Vorgänge ist Ergebnis überaus kunstvollen Zusammenfügens winziger, einfacher Bausteine und des verwickelten Ablaufens mikroskopischer Elementarprozesse.

[16] CAPELLE, W. [2] S. 267
[17] DIELS, H. [3] 31 B 96

Wenn nun dieses Prinzip die Phänomene wirklich zureichend erklärt, so braucht man nicht außerdem noch die Existenz von qualitativ verschiedenen Substanzen — und seien es ihrer nur vier — vorauszusetzen. Demokrit weist daher den Seinspluralismus des Empedokles wie des Anaxagoras zurück und hält an dem eleatischen Grundgedanken von der Einheit allen Seins fest. Aber nur die qualitative Einheit kann er bewahren, die quantitative muß er aufgeben. Das „Eine und Alles", die „Seinskugel" des Parmenides, die uns an einen Stern im Endstadium lückenlos kollabierter Materie erinnert, wird sozusagen in Myriaden kleinster Teilchen zerbrochen, deren jedes die Gravität ungewordenen, unveränderlichen, unvergänglichen Seins geerbt hat. Insbesondere sind diese Seinskorpuskeln unveränderlich im Sinne von unteilbar, unzerschneidbar, und das bringt ihr Name „Atom" zum Ausdruck.

Denken wir wieder an die Schwierigkeiten, welche die unendliche Teilbarkeit damals der Mathematik bereitete, so erscheint uns der Atomismus natürlich als ein Versuch, das Infinitesimale, weil angeblich in sich widerspruchsvoll, einfach zu eskamotieren. Zweifellos war ja Demokrit auch ein produktiver Mathematiker, soll er doch erstmalig den Rauminhalt eines Kegels als ein Drittel des Volumens eines Zylinders gleicher Höhe und Grundfläche bestimmt haben, wiewohl ohne exakten Beweis. Hiermit im Zusammenhang ist nun folgende paradoxe Betrachtung überliefert. Wir schneiden von einem Kegel durch eine zur Basis parallele Ebene den oberen Teil ab. Ist dann ebendessen Grundfläche genau so groß, wie die Deckfläche des unten verbleibenden Stumpfes? Offenbar sollte die Antwort nicht für irgendeine derartige Zertrennung bejahend, für eine andere aber verneinend lauten. Deswegen kann der Kegelmantel nicht glatt, sondern muß gestuft sein, vorausgesetzt, das obere und das untere Schnittufer sind ungleich. Wenn sie aber gleich ausfallen, so hat es aus demselben Grund den Anschein, daß die parallelen Schnittflächen allesamt kongruent sind, der Kegel somit ein Zylinder ist. Welche Maßnahme zur Beseitigung dieses (scheinbaren) Paradoxons entspräche nun der Intention des Demokrit? Man müßte axiomatisch die Möglichkeit ausschließen, den Kegel in der vorausgesetzten Weise beliebig zu zerschneiden! Er wäre allenfalls in mono-atomare Schichten zu zerlegen. In Wahrheit existieren danach keine ideal glatten, sondern nur gestufte Körper.

Ob Demokrit, der gewiß solcher Ansicht war, dabei generell mathematische und ontologische, materielle Existenz auseinandergehalten hat, kann man kaum annehmen, wie es denn ebenso fragwürdig ist, ihm im besonderen die Unterscheidung zwischen gedanklicher und physischer Unteilbarkeit der Atome zuzuschreiben. Deren Unzerschneidbarkeit nämlich folgert der Abderite aus dem eleatischen Grundsatz, daß das Seiende über nur eine einzige Qualität verfügt, homogene, stoffliche Raumerfüllung, erinnerlicherweise. Das heißt aber, es gibt im Inneren der Seinsteilchen keine Risse oder Schwachstellen, längs derer eine Zerstörung voranschreiten könnte, ja definitionsgemäß überhaupt keine zweite Qualität, mit deren Hilfe man auch nur gedanklich eine innere Bruchfläche von der umgebenden Materie abzuheben vermöchte.

Von um so größerer Bedeutung ist für die Atome ihre äußere Oberfläche. Sie verleiht ihnen Größe und Gestalt, die einzigen Eigenschaften, in denen sich die Elementarteilchen voneinander unterscheiden. Was für ein armseliges Eigenschaftsspektrum! Jedoch, würde ohne Einschränkung jeder denkbaren geometrischen Figur eine reale Atomsorte entsprechen, so gäbe es deren weitaus mehr, als zum Aufbau der Makrowelt wohl erforderlich wären. Wie es scheint, hat Demokrit einen derartigen Pluralismus vertreten, vielleicht das farbenprächtige Weltgemälde des Anaxagoras höchst kritisch adaptierend. Wenn dem so ist, dann versteht sich der Atomismus als ein Übergang von der qualitativen Vielheit des Seins zur geometrischen Pluralität der „unzerschneidbaren Formen", der „átomoi idéai". So aber wurden die Seinsteilchen genauer bezeichnet, und das war sehr zutreffend. Denn sie werden ja durch ihre formgebende Oberfläche „als Individuen definiert", was wiederum wörtlich übersetzt sein möchte: „als Unteilbare abgegrenzt".

Doch wovon, von welchem Unbegrenzten, welchem „ápeiron" abgegrenzt? Hat das Atom keine Teile, weil es aus einer einzigen, qualitativ homogenen Substanz besteht, so fordert der Umkehrschluß, sollen wohldefinierte Materieteilchen existieren, das Vorhandensein von mindestens zwei, gegeneinander kontrastierenden Medien. Trotzdem, ein bestimmtes Weltmodell gestattet uns, die Annahme aufrechtzuerhalten, derzufolge es nur eine einzige materielle Qualität, sagen wir undurchdingliche stoffliche Fülle, gibt; und das ist Demokrits Modell. Dieses unterscheidet die beiden Medien eben dadurch, daß es dem einen jene Qualität beilegt, sie dem anderen jedoch abspricht. Die kompakten, „vollen", undurchdringlichen Atome grenzen sich also von einem *Vakuum* ab, welches insofern leer ist, als es jeglicher Eigenschaft außer den rein geometrischen (des euklidischen Raumes) durchaus entbehrt. Hingegen ist es keineswegs, wie Parmenides vermeinte, schlechthin ein Nichts. Ihm kommt vielmehr objektive Realität genauso wie den Atomen zu. Das klar erkannt zu haben, muß in Anbetracht der noch jahrhundertelang vorwaltenden Leugnung des Vakuums, dem Demokrit als großes Verdienst angerechnet werden, obwohl er, der eleatischen Philosophie verpflichtet, verbal konfundiert, was er sagen will, und treuherzig versichert: „Das Nichts existiert ebenso sehr wie das ‚Ichts' (das Sein)".[18]

Das Vakuum existiert — so doziert Demokrit — weil es unleugbar Bewegung gibt! Nein, es gibt keine Bewegung, — so hatten die Eleaten umgekehrt ge-

[18] DIELS, H. [3] 68 B 156. Es liegt nahe, Demokrits These von der Existenz des Nichtseienden als einen Beleg für die Wirksamkeit der Heraklitschen Dialektik anzuführen.

folgert —, weil das Vakuum unmöglich existieren kann! Die unausgesprochene Prämisse, die beide Argumentationen gleichermaßen schlüssig macht, lautet offenbar: Es kann keine Bewegung statthaben, wenn dafür kein Platz, also Vakuum, zur Verfügung steht! Was hat es nun hiermit auf sich? In der Welt des Parmenides herrscht Ruhe, wenn man es recht überlegt, eigentlich nicht aus Platzmangel, sondern wegen des Fehlens jeglicher Teile (also speziell solcher, die sich relativ zueinander bewegen könnten). Eben diesem Mißstand begegnet Demokrit durch die Einführung von Atomen, die wiederum ihrerseits keine Teile haben und daher keiner inneren Bewegung, keine Deformation fähig sind. Sie können sich nur als Ganze, als starre Körperchen bewegen; und genau aus diesem Grunde kommt die Kinematik Demokrits nicht ohne Vakuum aus. So muß der Abderite, was er für ein besonders überzeugendes Beispiel hält, die Kompression makroskopischer Materie als ein Zusammenrücken von Atomen bei gleichzeitigem Schrumpfen leerer Zwischenräume erklären. Was hingegen geschieht, wenn jene Teilchen in einem Aggregat bereits so dicht, wie es die Geometrie irgend zuläßt, gepackt sind? Ziehen wir ausgeklügelte Sonderfälle nicht in Betracht, dann benimmt sich das ganze System jetzt wie ein großer starrer Körper; jegliche innere Bewegung muß unterbleiben, bis die äußerste Atomschicht — ins Leere — ausweicht und damit die Vorbedingung für eine Auflockerung, d. h. aber für eine Vergrößerung des Vakuumanteils im Inneren, schafft.

Anders verhält es sich, wenn wir voraussetzen, was der Atomismus gerade vermeiden möchte, nämlich daß in einem Stoff, der ein Raumgebiet lückenlos erfüllt, beliebig kleine Teile — wie auch immer — definiert sind. In einem solchen Plenum ist sehr wohl Bewegung ohne Zuhilfenahme des Vakuums denkbar. Man kann sich stetige Deformationen jenes Mediums vorstellen, bei denen weder Löcher aufreißen noch der Raum irgendwo von Materie doppelt überdeckt wird, selbst dann, wenn Volumenänderungen eintreten. Diese Verhältnisse hat freilich erst die neuzeitliche Mathematik hinreichend begrifflich geklärt. Gleichwohl, die Auffassung, daß Bewegung im Plenum, im Kontinuum, stattfindet, wurde von Beginn an als Antithese zur Kinematik der im Vakuum befindlichen Atome lautstark vertreten.

Die Phoronomie Demokrits ist also nicht denknotwendig. Doch wer die von ihm getroffenen Voraussetzungen akzeptiert, muß selbstverständlich zugeben, daß die Bewegung um so mehr behindert wird, je dichter die Atome gelagert sind, je häufiger sie sich aus Mangel an Freiraum gegenseitig im Wege stehen. Die Plausibilität dieser Feststellung verführt nun dazu, sie unterderhand umzukehren und zu sagen: Fliegt ein Atom im Vakuum, wo ihm kein Hindernis entgegensteht, so setzt es auch seine Bewegung auf dem eingeschlagenen Wege beharrlich fort!

Diese Wendung des Gedankens ist keineswegs trivial. Denn, daß ein Körper selbst ohne äußeren Widerstand ermüdend zur Ruhe strebt, kann ja apriori nicht ausgeschlossen werden und war tatsächlich über die Zeiten herrschendes Dogma. Akkurat mit seiner Überwindung wird sich die neuzeitliche Physik konstituieren, viel später, zwei Jahrtausende nach Demokrits Wirksamkeit, und in Besinnung auf das von ihm geprägte Denkmuster, nach dem nicht die Bewegung eines Atoms als solche, sondern nur die Änderung der Erklärung durch äußere Ursachen bedarf. Mit dieser Art zu denken hat der Abderite das Trägheitsgesetz vorweggenommen, freilich wohl weniger aus lauterer physikalischer Einsicht, als vielmehr von seiner Metaphysik[19] her dazu bestimmt: Bewegung ist für ihn wie Stofflichkeit und geometrische Gestalt eine Eigenschaft der atomaren Seinsteilchen; sie hat daher teil an der Unveränderlichkeit des Seins, die somit in ironischer Dialektik die Unvergänglichkeit der Bewegung zutage fördert.

Wenn die Teilchen einander stoßen, ändern sie natürlich ihren Bewegungszustand. Wie es scheint, hat Demokrit, alltägliche Erfahrungen reflektierend, hinter der Kinematik dieses Vorgangs auch etwas von dessen Dynamik gespürt. Er meint, der Schlag, den es beim Stoß erhält, treibt das Atom voran; und jener „Schlag“ ist während des freien Fluges — dem Teilchen als Wucht, Schwung, Impuls innewohnend — unverändert wirksam, bis diese dynamische Bewegungsgröße (im Unterschied zu den unveräußerlichen atomaren Eigenschaften) beim nächstfolgenden Zusammenprall unter den Stoßpartnern wieder neu verteilt wird.

Es drängt sich die Vorstellung von einem Billardspiel auf; jedoch dieses Gleichnis kann die demokritische Mechanik nur sehr unvollständig erfassen. Denn zu ihrem Wesen gehört das gewissermaßen inelastische Stoßgeschehen, in dessen Verlauf sich die Atome ineinander verklemmen, verzahnen, verhaken und auf diese Weise zu Komplexen vereinigen. Hierbei bleibt zwischen den Bausteinen, wie Demokrit wohl annimmt, ein Mikrovakuum bestehen, das ihnen gestattet, heftig vibrierend an ihren Fesseln zu rütteln, aus denen sie ein „Schlag“ von genügender Wucht erlösen und erneut in freie Fahrt bringen kann. Von größerem Interesse wäre es zu wissen, welche Ursachen Demokrit für eine fortschreitende Verdichtung der Materie verantwortlich gemacht hat. In sein Lehrgebäude würde sich gut der Gedanke einfügen, daß ein zufällig entstandener Komplex hinreichenden Umfangs die Funktion eines Kondensationskeims ausübt, weil er nämlich den freien Atomen bzw. kleineren Verbindungen eine ungewöhnlich große Stoßfläche darbietet und daher auch unver-

[19] Wie sich versteht, wird hier (und häufig im folgenden) der Begriff „Metaphysik“ nicht im Sinne von „antidialektischer Denkweise“ gebraucht, sondern in seiner antiken Bedeutung als „über das Empirische hingehende Lehre von den letzten Gründen des Seins, seinem Wesen und Sinn“.

hältnismäßig viele solcher Korpuskeln einfängt. Ob Demokrit ebenso dachte, ist nicht überliefert.

Wie wir aber wissen, brachte er die Konzentration der Materie mit ihrer Rotation in Beziehung. Vermutlich hatte er das mehr oder minder deutliche Gefühl, daß die Teilchen beim Anflug auf ursprüngliche Zusammenballungen zunächst bevorzugt nach außen reflektiert werden, daß es dann im Ergebnis von Sekundärstößen mit nachrückenden Korpuskeln zu einem seitlichen Ausweichen kommt, und sich aus anfänglichem atomaren Chaos eine systematische Bewegung herausbildet, — der Wirbel!

Demokrit und vor ihm schon Leukipp lenken nun unsere Aufmerksamkeit sogleich auf einen Wirbel wahrhaft gigantischen Ausmaßes. Möge er sich entwickelt haben, wie er wolle, die Abderiten zweifeln nicht an seiner Existenz; im Gegenteil, sie erblicken in ihm nicht weniger als das Agens der Kosmogenese. Damit aber führen sie eine weit verbreitete Lehrmeinung weiter. Anaxagoras wie auch Empedokles hatten nämlich von einer kosmischen Wirbelbewegung gesprochen, in deren Verlauf unsere Welt entstehe — und zwar, so hörten wir schon, durch Ausscheidung aus einer Urmischung. Die Atomisten lassen nun das molekulare Chaos die Rolle der Urmischung übernehmen, und erklären — weiterhin gängige Vorstellungen adaptierend — den Ausscheidungsprozeß mit Hilfe eines konkreten, durch den Wirbel bewirkten, selektierenden Mechanismus, der uns an die Arbeitsweise einer Zentrifuge erinnert. Während diese jedoch die spezifisch schwereren Teilchen nach außen absondert, die leichteren in der Mitte sammelt, geht es bei Leukipp und Demokrit gerade umgekehrt her: Je massiver ein Körper ist, um so weniger vermag er der allgemeinen Wirbelbewegung zu folgen, um so weiter sinkt er in Richtung aufs Zentrum, wo geringere Umlaufgeschwindigkeit herrscht; hingegen werden Partikeln, die relativ klein (verglichen mit den sie umgebenden Objekten) sind, himmelwärts nach außen getrieben.

Doch warum sollen sich die Dinge in der angegebenen Weise bewegen? Wenn Demokrit wirklich der oben skizzierten Ansicht über die Wirbelentstehung war, dann hat er sich vielleicht folgendes gesagt: Die relativ massiven Körper bewegen sich deshalb aufs Zentrum zu, weil sie wegen der Wucht ihrer Bewegung eben nicht der allgemeinen Tendenz, zurückgestoßen zu werden, unterliegen. Die relativ feinen Teilchen werden dagegen besonders scharf reflektiert und fallen wegen ihres geringen Umfangs weniger den Sekundärstößen anheim; eben deshalb werden sie gewissermaßen nach außen ausgesiebt.

Es ist schwer nachzuempfinden, ob die Abderiten auf solche oder ähnliche Weise ihre Kosmogonie mit Hilfe einer Physik näher zu begründen trachteten. Jedenfalls entsteht nach ihrer Ansicht auf Grund jenes selektierenden Wirbelmechanismus der Kosmos, in welchem ein fester Erdkern von Wasser- und Luftschichten umschlossen wird, die äußeren jeweils feiner und durchdringlicher als die inneren, die erdferneren schneller umlaufend als die näheren. Diese kosmische Globalstruktur zeitigt natürlich lokale Abweichungen. Insbesondere sind die Gestirne massive Körper, die von der Wirbelbewegung mitgerissen werden, wobei sie der großen Geschwindigkeit wegen meistenfalls in Glut geraten.

Himmel und Erde bestehen aus dem gleichen Material und gehorchen denselben Bewegungsgesetzen. Über diesen, auf die materielle Einheit der Welt deutenden Grundsatz sind die Atomisten mit Empedokles und Anaxagoras einig. Aber sie beziehen ihn auf ein unbeschreiblich viel größeres, auf ein unendliches Universum. Mutig, wie sie den leeren (euklidischen) Raum als eine objektive Realität anerkennen, messen sie auch seiner unendlichen Erstreckung Wirklichkeit bei und machen Front gegen die Vorurteile, welche in dem Unendlichen das nicht zu Ende Gebrachte, das Unfertige und daher Minderwertige erblicken. Allerdings kümmerlich und verloren würde sich jener um die Erde rotierende Kosmos ausnehmen, wenn er die einzige Oase in unendlicher Leere wäre. Doch so sei es eben nicht. Wie tief wir auch in den grenzenlosen Weltenraum eindringen mögen, immer wieder werden wir auf einen weiteren derartigen Kosmos treffen.

Hier sind offenkundig Ideen des Anaximander aufgegriffen worden. Tatsächlich mußte ja den Abderiten das Natursystem gerade dieses Philosophen reichlich Anlaß zu kreativer Auseinandersetzung und kritischer Aneigung bieten. Was lag für sie näher, als das „ápeiron" des Milesiers in freier Interpretation mit dem unbegrenzten leeren Raum zu identifizieren? Und was die Kosmologie Anaximanders betrifft, so befreien sie Leukipp und Demokrit von ihren stilisierenden Elementen — der strengen räumlichen und zeitlichen Periodizität — und verleihen ihr natürlichere Züge. Nach ihrer Ansicht sind die „kosmoi" unregelmäßig im All verteilt. Dazwischen tun sich Vakua auf (wohl die späteren „Intermundien"), die im Mittel immense Ausmaße haben. Wenn es jedoch der Zufall will, kommt es zur kosmischen Katastrophe, zwei solcher Welten prallen aufeinander und atomisieren sich im wörtlichen Sinne. Gewaltige Teilchenströme durcheilen dann den Raum, bilden einen neuen Kondensationskern, und ein ernormer Wirbel setzt die Kosmogenese wieder in Gang.

Im unablässigen Werden und Vergehen der Kosmen kommt die Ewigkeit der Bewegung sehr eindrucksvoll zur Geltung. Aber eigentlich fesseln unseren Blick nur die gigantischen Dimensionen. In qualitativer Hinsicht herrscht über alle Größenordnungen, von den mikroskopischen bis zu den kosmischen, ein und dieselbe kärglich-eintönige Einseitigkeit. Sie ist zweifellos ein metaphysisches Charakteristikum der hier besprochenen Naturphilosophie, das aus ihrem metaphysischen Ansatz erwächst, nämlich das „Eine und Alles", die eigenschaftlose, unbewegliche Seinskugel des Parmenides gewissermaßen gedanklich zu zerbrechen und ihre Fragmente in den leeren Raum zu werfen.

Wer aber glaubt, mit diesem schlichten Entwurf bereits das Wesen der Wirklichkeit getroffen zu haben, muß es für möglich halten, daß man alle Strukturen und Prozesse, alle Qualitäten und deren Wandlungen, ja schlechthin alles, was es in der Welt gibt, auf die geometrische Anordnung unveränderlicher Seinsteilchen und der lokalen Bewegung dieser Bausteine, ihre reine Ortsveränderung, reduzieren könne. Dieses Programm, mit den sparsamsten Mitteln elementarer Mechanik ein Universum nachzukonstruieren, ist in seiner Maßlosigkeit nun doch wieder so faszinierend, daß es zu einem Markstein in der Ideengeschichte wurde. Nicht zuletzt an ihm hat sich später die neuzeitliche Naturbetrachtung orientiert, dabei streckenweise und zeitweilig sogar den äußersten Überzeichnungen ihres Vorbilds folgend.

Eine dieser Übertreibungen ist von besonderem physikhistorischen Interesse, weil man mit ihr etwas physikalisch Fundamentales, einen angemessenen Kraftbegriff verfehlte. Wir meinen die rigorose Reduktion des Kausalnexus auf die unmittelbare mechanische Nahwirkung, den elastischen und unelastischen Stoß. Gewiß, mit der Vorstellung vom aneinander Abprallen und Zusammenhaken der Atome werden Kraftwirkungen ganz gut erfaßt, wenn sie von kurzer Reichweite sind. Doch nur gewaltsam lassen sich in dieses Bild die langreichweitigen Kräfte einfügen, vorab die Gravitation. Jeden Augenblick gegenwärtig, scheint sie eine Selbstverständlichkeit zu sein, die tieferer Begründung nicht bedürftig ist, sondern sich vielmehr ihrerseits als Erklärungsgrund anbietet.

Einer, der wohl so empfunden hat, war Epikur (342–270). Hundert Jahre später als Demokrit wirkend, hat er dessen Philosophie unermüdlich propagiert und sich solcherart um ihre Überlieferung größte Verdienste erworben, wenn er ihr auch mitunter die Pointe raubte. Das nun dürfte insbesondere der Theorie des freien Falls widerfahren sein. Für Epikur handelt es sich um ein Urphänomen. Die Atome bewegen sich, weil sie in den leeren Raum „fallen". Dabei aber regnen sie im gesamten Universum alle gleich schnell auf parallelen Bahnen „von oben nach unten", womit jegliches Stoßgeschehen ausgeschlossen wäre. Um es dennoch sicherzustellen, muß Epikur annehmen, daß die Atome spontan und ursachlos Abweichungen von jener Fallbewegung vollziehen. Nicht allein diese „Deklination", sondern der ganze, die Isotropie des Weltalls so gröblich mißachtende Denkansatz läßt sich mit der Intention Demokrits schwerlich vereinbaren, hatte doch der Abderite ein zu sicheres Gespür für jenes Symmetrieprinzip.

Allein, wie mag er selbst das Herunterfallen der relativ schweren und den Auftrieb der leichten Körper verstanden haben, — etwa als Bestandteil des kosmischen zentripetal-zentrifugalen Mechanismus? Das wäre eine zwar abwegige aber ingeniöse physikalische Denkweise, die man — wie es Schrödinger[20]

[20] Schrödinger, E. [19] S. 100

tut — dem Philosophen gerne zuschreiben möchte. Indessen ist es auch möglich, daß Demokrit die Erdanziehung in Analogie zur magnetischen Attraktion begreifen wollte. Was sie betrifft, so schließt er sich der schon von Empedokles ersonnenen Theorie an. Ihr zufolge werden manche Körper von feinen, zwischen ihnen strömenden und sie durchdringenden Ausflüssen — auf komplizierte und nicht recht durchsichtige Art — in Bewegung versetzt, wobei den Ablauf des Geschehens das Prinzip „Gleiches zu Gleichem" regelt. Dieses Prinzip war damals in aller Munde. Trotzdem ist es merkwürdig, wie oft Demokrit darauf Bezug nimmt. Denn obgleich er wohl nicht an eine bewegende Ursache, sondern vielmehr an eine die Richtung der Bewegung bestimmende Regel dachte, — es bleibt ein Anflug von Finalismus, der sich nicht so recht mit der streng mechanistischen Doktrin verträgt.

Anders nahm sich jenes Prinzip im Naturbild des Empedokles aus. Der Enthusiast von Agrigent war zwar auf dem Wege zur mechanistischen Naturauffassung bereits ein gutes Stück vorangekommen, huldigte aber desungeachtet einem heillosen Anthropomorphismus. In solcher Geisteshaltung hatte er einerseits schärfer als die milesischen Hylozoisten von der bewegten Materie die bewegenden Ursachen abgehoben, sie jedoch andererseits als „Liebe" und „Streit" vermenschlicht. Mit verteilten Rollen gestalten diese beiden das ganze Welttheater, beginnend mit dem Ausscheiden der Dinge aus einer (kugelförmigen) Urmischung (dem Sphairos), fortschreitend zur vollständigen Trennung der Elemente und schließlich zu deren totalen Vermengung zurückführend. Dabei vereinigt die eine jener zwei emotionalen Agentien Gleiches mit Gleichem, indem sie Verschiedenartiges voneinander trennt, während die andere das Gegenteil veranlaßt. Offenbar enthält diese Naturdichtung des Empedokles einen rationalen Kern: die Konzeption anziehender und abstoßender Kräfte. Aber sie blieben auf dem Plan, als die Abderiten die Phantastik des Sizilianers zurückwiesen.

Gegen dessen Überschwang wandte sich auch Anaxagoras, der kühle Rationalist. Sein Weltverständnis könnte schon als gänzlich mechanistisch gelten, hätte er nicht doch der hylozoistischen[21] Überlieferung einen bescheidenen Tribut gezollt. Denn er entband die Materie ihrer traditionellen psychisch-geistigen Qualitäten, richtete ihnen aber sogleich ein Reservat ein. Es ist das

[21] Die Lehre von der Allbelebung oder Allbeseelung der Materie ist als ein Anthropomorphismus, vom Standpunkt der gegenwärtigen naturwissenschaftlichen Kenntnisse beurteilt, selbstverständlich nicht haltbar. Nichtsdestoweniger haben hylozoistische Gedankengänge in der Ideengeschichte des öfteren eine progressive Rolle gespielt, insofern sie dazu beitrugen, ein von starkem Naturgefühl getragenes monistisches Weltbild zu entwickeln und es gegen die Hypostasierung des Seelisch-Geistigen zu verteidigen.

der „nus“, ein extrem feiner, denkender Geiststoff, als solcher dem „logos“ sehr ähnlich. An der allgemeinen Mischung der Substanzen, von der wir bei Anaxagoras gelernt haben, nimmt der „nus“ nicht teil, sondern existiert in ätherischer Reinheit. Er hat das ganze Weltgeschehen programmiert und alsdann die kosmische Wirbelbewegung so geschickt in Gang gesetzt, daß im Verlauf des rein mechanischen Ausscheidungsprozesses die Dinge in der vorausgeplanten Weise von selbst entstehen. Vielleicht greift jener Geiststoff dann und wann gleichsam als Katalysator in die Entwicklung ein, wenn es gilt, höchst komplizierte und zweckmäßig gebaute Systeme hervorzubringen – Pflanze; Tier und gar den Menschen, in dessen Denken und vernünftigen Handeln sich der allgemeine objektive „nus“ personifizierend offenbart.

Demokrit greift in seiner Art ebenfalls die altbekannte Lehre vom alldurchdringenden, bewegenden und belebenden, psychisch wirksamen Seelenstoff auf. Der besteht jetzt natürlich aus Atomen, sehr kleinen und feinen, glatten und kugelrunden, die wegen solcher Eigenschaften besonders beweglich und schwer einzufangen sind. In der freien Natur verflüchtigen sie sich entsprechend und können dort nichts Besonderes ausrichten. Erst wenn sie der pflanzliche oder tierische Organismus anreichert – und nur solange er dazu imstande ist – zeitigen sie biologische Effekte und bedingen beim Menschen darüber hinaus die geistigen Aktivitäten. Nicht daß die Seelenatome selber denken könnten! Sie sind ja nichts anderes als qualitätslose stoffliche Kügelchen, weshalb es mit ihrer großen Konzentration im menschlichen Leib auch noch nicht getan sein kann. Nein, die Hauptsache ist, daß die Seelenatome kunstvoll-sinnreich zwischen denen des Körpers angeordnet sind und im richtigen Zusammenwirken mit ihnen Bewegungsabläufe ausführen, die in Gedankenschnelle erfolgend eben das Denken ausmachen, das somit wie alle Lebensvorgänge ein körperlicher Vorgang ist.

Mit dieser Wendung hat sich Demokrits Seelentheorie von ihrer ideengeschichtlichen Herkunft und Umwelt, deren Nähe sie in manchen Formulierungen nicht verleugnet, auf grundsätzliche Weise losgesagt. Wurden bislang die Merkmale des Lebens und der Psyche allem Sein oder doch bestimmten ätherischen Wesenheiten zugeschrieben, welche die Materie insgesamt organisierend durchwalten, wurden also Bios und Bewußtsein als nicht weiter erklärbare, sondern ihrerseits erklärende, fundamentale Prinzipien behandelt, so werden sie nunmehr als Eigenschaften erkannt, über die lediglich lebende Organismen oder sogar nur Menschen verfügen, und die sich ihrerseits aus der Struktur und Bewegung einer Materie erklären, der selbst jene fraglichen Eigenschaften durchaus nicht zu eigen sind. Es ist genau diese grundsätzlich neue Denkweise, mit der sich die abderitische Philosophie in Abgrenzung von ihren Vorgängern als – nicht spontaner und partieller, sondern – bewußt konzipierter und vollgültiger Materialismus qualifiziert.

Natürlich ist dieser Materialismus spekulativ und wegen der Schlüsselrolle, die in seinem System die mechanische Ortsveränderung spielt, nicht frei von mechanistischen Tendenzen. Mancherorts stößt er sehr bald auf seine Grenzen, was nicht zuletzt durch seine gewiß naive und unbeholfene Seelentheorie illustriert wird. Doch ist in diesem Zusammenhang dreierlei zu betonen: Erstens: Allein die Tatsache, daß die Materie als etwas dem Psychisch-Geistigen Vorgeordnetes, als dessen Erklärungsgrund behandelt wird, ist eine Errungenschaft des antiken atomistischen Natursystems, die ungleich höheren Rang als seine mechanistischen Züge hat. Diese wiederum, so wird man zweitens argumentieren, waren wohl unverzichtbar, sollte sich Materialismus in der damaligen Zeit überhaupt verständlich artikulieren. Drittens aber ist der rationale Kern von außerordentlich hohem *relativen* Wahrheitsgehalt hervorzuheben, welcher der mechanistischen Naturerklärung zukommt und der nur zu oft im Schatten der berechtigten Kritik ihres metaphysischen Gehalts verschwindet. Vergegenwärtigen wir uns, wie die moderne Molekularbiologie die genetische Information in der räumlichen Anordnung atomarer Baugruppen verschlüsselt findet, das Erbmaterial direkt lokalisiert, seinen Transport verfolgt, die chemischen Elementarprozesse seiner Vervielfältigung aufdeckt, führen wir uns all das vor Augen, so will es scheinen, als ob Demokrits fundamentale Idee in nahezu ursprünglicher Prägung glänzende Rechtfertigung erlangt hat: Die Rückführung makroskopischer Erscheinungen auf die räumliche Konfiguration und Bewegung kleinster Teilchen.

Daß eine solche Reduktion nichtsdestoweniger nur partiell realisierbar ist, daß ein einziges Prinzip keineswegs ausreicht, die reiche Fülle der Natur zu erfassen, spricht nicht gegen dessen großen relativen Wahrheitsgehalt. Und der erweist sich als um so umfangreicher, je allgemeiner, je großzügiger wir die Grundgedanken der Philosophie Demokrits auslegen. Sie ist in ihren wesentlichen Intentionen wahr, im Detail anfechtbar, und nicht etwa umgekehrt! So ist der allgemeine (mitnichten selbstverständliche) Grundsatz, demzufolge das Makroskopische durch die Mikrowelt determiniert wird, von größerer (wenn auch nicht unbeschränkter) Tragweite als die speziellen Vorstellungen, die Demokrit darüber pflegte. Wenn er beispielsweise „Wärme“ auf eine gewisse Anordnung kleiner runder Atome zurückführte, während wir Heutigen diesem Phänomen die (quantenmechanisch berechnete) kinetische und potentielle Energie eines Arrangements von Teilchen und Quasiteilchen substituieren, dann mutet der Unterschied zwischen beiden Denkweisen relativ gering an, sofern wir sie andererseits etwa mit der Auffassung vergleichen, daß die Wärme eine irreduzible Qualität der Natur sei. Ebenso ist mit Recht gesagt worden,[22] es sei letztlich derselbe Grundgedanke, für die subjektive Farbempfindung

[22] JÜRSS, F. [8] S. 102

„rot“ in der objektiven Realität mit Demokrit wiederum eine Konstellation runder Atome oder nach moderner Erkenntnis elektromagnetische Wellen von etwa 700 nm Länge verantwortlich zu machen. Und dieser richtige Grundgedanke besteht in der Aufkündigung des naiven Realismus, in der keineswegs trivialen Einsicht, daß wir mit den Sinnen nicht unvermittelt die Qualitäten der objektiven Wirklichkeit empfinden, sondern vielmehr subjektive Abbilder derselben gestalten. Die Sinnesqualitäten sind also „sekundär“; so wird später der Empirismus des 17. und 18. Jahrhunderts ausdrücken, was Demokrit in der traditionellen Terminologie wie folgt formuliert hatte: „Nach Maßgabe der Meinung gibt es Süßes, Bitteres, Warmes, Kaltes, der Meinung zufolge die Farben, in Wahrheit aber Atome und Leeres.“[23]

Nun, in Wahrheit ist die objektive Realität ungleich reicher. Vor allem gibt es außer den Korpuskeln im Vakuum noch die Felder. Und beide gehen in einer höheren Einheit auf, verfolgen wir sie in mikroskopische Bereiche, die weit, weit unterhalb der Größenordnung unserer biologischen Umwelt liegen. Dabei kommt es zu einem prinzipiellen Versagen unserer anschaulichen geometrischen und kinematischen Vorstellungen. Konnte Demokrit glauben, daß sie die „primären“, der Materie an sich zukommenden Qualitäten völlig adäquat erfassen, so erweisen sie sich nunmehr, wie damals schon die sinnlichen Wahrnehmungen, als gnoseologische Abbilder der Realität von beschränktem Wahrheitsgehalt, — der indessen sehr hoch zu veranschlagen ist. Im gleichen Augenblick, da der intuitive Teilchenbegriff aufgehoben wird, erfährt Demokrits Idee vom korpuskularen Aspekt der Materie, von deren letzten diskreten Partikeln höchsten Triumpf. In Zählwerken bringen kleinste Objekte ihre separate Wirkung zur direkten Anzeige, auf photographischen Platten, in Nebel- oder Blasenkammern hinterlassen sie ihre individuellen Bahnspuren, unscharf genug, um dem Verdikt gegen allzu anschauliche klassische Vorstellungen nicht zu widersprechen, scharf genug, um über das Geschehen in der Mikrowelt empirischen Aufschluß zu geben.

Dem nachgehend hat die Forschung bekanntlich die Größenordnung der chemischen Atome und ihrer Kerne längst unterschritten und ist tief in das Reich der sogenannten Elementarteilchen eingedrungen, von denen mittlerweile mehrere hundert zum Vorschein gelangten. Aber sind diese, wie augenfällig ihr korpuskulares Gebaren immer sei, tatsächlich geeignet, die Rolle, welche Demokrit den Atomen zuschrieb, zu übernehmen? Ihre große Anzahl steht dem nicht entgegen, denn auch nach der Auffassung des Abderiten gibt es ein enormes Sortiment elementarer Teilchen. Jedoch, gelten sie ihm als ewig und absolut beständig, so ist im Gegensatz dazu für ihre Nachfahren in der heutigen Physik kennzeichnend, daß sie sich nach festen Regeln ineinander

[23] Jürss, F. u. a. [10] S. 160

verwandeln, und mit Ausnahme ganz weniger stabiler Typen jeweils nur während einer äußerst kurzen Zeitspanne frei existieren. Nun tun diese Entdeckungen dem Wahrheitsgehalt der Doktrin Demokrits insofern keinen entscheidenden Abbruch, als ja in einem Weltmodell, das von den Korpuskeln nur die (relativ) stabilen umfaßt, bereits der Großteil unserer naturwissenschaftlichen Kenntnisse unterzubringen wäre. Andererseits liegt die Frage nahe, ob denn die erwähnten Elementarteilchen, ihres Namens ungeachtet, womöglich weit davon entfernt sind, den Urgrund der Materie darzustellen, sondern vielmehr ihrerseits aus noch fundamentaleren Objekten bestehen. Wenn nicht alles täuscht, hat die Theorie in jüngster Vergangenheit diese Frage im positiven Sinne geklärt. Die zahllosen „Hadronen" sind, wie wir annehmen dürfen, aus einigen Urteilchen („Partonen"), höchstwahrscheinlich aus den „Quarks" aufgebaut.

Aber ach, anstatt, wie man denken möchte, kleiner sind unsere „Quarks" beträchtlich größer als die aus ihnen zusammengesetzten Gebilde. Natürlich kann die moderne theoretische Physik, dieses qualitative Novum aus extremen quantitativen Verhältnissen, durch einen gewaltigen Massendefekt nämlich, erklären. Die (negativ in Ansatz zu bringende) Bindungsenergie wiegt hier die Einsteinsche Ruhenergie der Konstituenten nahezu auf, welche im ungebundenen Zustand sehr wahrscheinlich überhaupt nicht vorkommen. Damit hat indessen die aktuelle Theorie, aufs neue nach den von Demokrit postulierten letzten konstitutiven Bestandteilen der Materie greifend, offenbar den Bedeutungsinhalt eben dieses Postulats wesentlich umgestaltet und verallgemeinert. Und solch konzeptioneller Um- und Ausbau ist für die Elementarteilchenphysik der letzten Jahrzehnte insgesamt, nicht nur für ihre neuesten Errungenschaften, charakteristisch. Sie hat sich derweil so gewandelt und erweitert, daß es umgekehrt nicht mehr ausreichend ist, als ihren antiken Vorläufer, soweit von dergleichen vernünftigerweise die Rede sein kann, lediglich den Atomismus demokritischer Prägung anzuführen. Nein, die moderne physikalische Theorie ist auch Erbe seiner großen Rivalen, der Pythagoreer und Platons, selbstverständlich ohne deren idealistischer Weltanschauung verpflichtet zu sein.

Platon hat, schon hochbetagt, im Dialog „Timaios" seine Naturphilosophie in poetisch-mythischer Verklärung vorgetragen. Gleichwohl, wie eine ferne Parallele zu gegenwärtigen physikalischen Konzeptionen nimmt sich eine deshalb oft erwähnte, atomistischen Spekulationen gewidmete Passage aus. Was der Physiker heute dabei nur zu gut versteht, ist die Weigerung, sich mit einem unkontrollierbaren Spektrum von Elementarteilchen abzufinden. Demokrit hatte es, regellos viele Atomsorten zulassend, in Kauf genommen. Eine Generation später reduziert Platon hingegen deren Menge wieder auf die vier Elemente des Empedokles; doch an dem Gedanken der Abderiten, die letzten Bruchstücke der Materie durch geometrische Formen zu charakterisieren, hält er fest. Demgemäß kommt er zu dem Beschluß, der kleinste Teil des Elements Erde korrespondiere einem Würfelchen, während in derselben Weise dem Wasser das Ikosaeder, der Luft das Oktaeder und schließlich dem Feuer das Tetraeder entsprechen soll.

Wir schreiben „entsprechen“, weil die Aussage, daß die Minima der vier Elemente schlechthin Körperchen mit jeweils der erwähnten Gestalt „sind“, von Platon gewiß zurückgewiesen worden wäre — und das nicht zu Unrecht. Denn was immer Elementarteilchen sein mögen, Stoffklümpchen mit definierter Oberfläche, wie Demokrit vermeinte, sind sie jedenfalls nicht. Freilich, der dubiose ontologische Status, der ihnen gewissermaßen als Inkarnationen reiner mathematischer Formen nach Maßgabe des platonischen objektiven Idealismus zukommt, mutet noch verkehrter an. Trotzdem scheint uns, ist Platons Doktrin Verkehrung eines im Kern rationalen Bemühens, nämlich ein mathematisches Gesetz für die Gesamtheit der Elementarteilchen aufzufinden. Sie entspricht, so möchte man nun Platon interpretieren, der Gesamtheit aller regulären Polyeder, also der Körper, die von lauter kongruenten, ebenen, regelmäßigen Vielecken begrenzt sind, und zwar derart, daß an jeder Ecke gleich viel dieser Polygone zusammenstoßen. Jedoch, wie damals die Mathematiker gerade erkannt hatten, gibt es fünf solcher Körper, außer den vier oben genannten noch das Dodekaeder. Diese Form habe der Weltbaumeister benutzt, um den Kosmos abzustecken, verlautet Platon. Statt solche Verlegenheitslösung vorzubringen, hätte er die Arten der Elementarteilchen kurzerhand um eine vermehrt, wenn er im Geist der heute mit ihnen befaßten Physik gedacht haben würde.

Aber in auffälliger Parallele zu deren Denkweise erweist sich wiederum Platons Entwurf, sofern man bedenkt, daß ihm die regulären Polyeder ja gewiß um ihrer hohen Symmetrie willen zugrunde gelegt wurden. Im gegenwärtigen Verständnis wird diese Symmetrie durch die jeweilige Gruppe der Drehungen zum Ausdruck gebracht, welche einen derartigen Körper in sich überführen. Würden wir jetzt, was eigentlich auf der Linie des platonischen Räsonnements läge, die abstrakte Gruppe als das Wesentliche, die geometrischen Figuren dagegen als Veranschaulichung auffassen, so kämen wir der Mentalität zeitgenössischer Elementarteilchenphysik schon beträchtlich nahe, obwohl diese selbstverständlich ungleich kompliziertere Gruppen und Methoden, sie mit dem Teilchenspektrum in Zusammenhang zu bringen, benutzt, als es das antike Denkmuster erahnen läßt.

Letzteres ist natürlich nicht von abstrakter Algebra geprägt, sondern von der schlichten Einsicht in Art und Anzahl der regelmäßigen Vielecke, welche die den vier Elementen zugeordneten symmetrischen Körper umgrenzen. Jene Grenzflächen fungieren sozusagen als „Partonen“ der platonischen Elementarteilchen, als Konstituenten, die (in Ermangelung räumlicher Ausdehnung) selbst nicht wie materielle Dinge frei existieren können, eine Eigentümlichkeit, die man heute (aus ganz anderen Gründen) ja den „Quarks" zuschreiben möchte.

Zur vollen Geltung kommt nun die physikalische Relevanz der konstituierenden Grenzflächen dort, wo sich Platons Doktrin von Demokrits Atomistik physikalisch am signifikantesten abhebt: Nicht absolute Beständigkeit gehört jetzt zum Wesen der elementaren Minima, sondern im Gegenteil die Möglichkeit, ineinander umgewandelt zu werden. Und das soll gerade so geschehen, als würden die zugeordneten platonischen Körper in ihre begrenzenden Vielecke zerlegt und aus diesen wieder neue reguläre Polyeder aufgebaut. Dieser Regel zufolge ist nun allerdings das Element „Erde" der Umwandlungen unfähig. Denn das entsprechende Polyeder, der Würfel, wird von Quadraten umgrenzt, während man zum Aufbau der anderen drei Körper gleichseitige Dreiecke benötigt, nämlich 4 für das Tetraeder (Feuer), 8 für das Oktaeder (Luft) und 20 für das Ikosaeder (Wasser). Weil nun $2 \cdot 4 = 8$ und $20 = 2 \cdot 8 + 4$ ist, gibt Platon, womit er häufig zitiert wird, der obigen Regel gemäß zwei Umwandlungstypen an, die wir in moderner Nomenklatur durch die „Reaktionsgleichungen"

$$2 \text{ Feuer} = 1 \text{ Luft}$$
$$1 \text{ Wasser} = 2 \text{ Luft} + 1 \text{ Feuer},$$

beschreiben wollen. (Von ihnen müssen offenbar alle anderen derartigen Relationen linear abhängen.)

Für sich betrachtet, aus ihrem Kontext gelöst, wären diese Reaktionsgleichungen auch mit der Atomistik Demokrits verträglich. Man müßte nur die „Feuerteilchen" als eigentliche Atome interpretieren, von denen sich zwei bzw. fünf rein mechanisch zu einem „Luft"- bzw. „Wassermolekül" zusammensetzen können. In Platons Gedankengebäude findet aber eine solche Interpretation schwerlich eine Heimstatt. Hier möchten wir die diskutierten Prozesse vielmehr als wirklich qualitative Umwandlungen verstehen. Andernfalls wäre es ungereimt, sie mit der Frage in Verbindung zu bringen, wie man Körper mittels flächenhafter — und nicht etwa dreidimensionaler — Konstituenten aufbauen kann. Dabei ist es nebensächlich, ob diese Konstruktionselemente unsere gleichseitigen Dreiecke sind, oder — wie in Platons Originalargumentation — rechteckige, von denen je sechs ein gleichseitiges bilden. Gänzlich belanglos ist der geometrische Aspekt aber, wenn unser Interesse wiederum lediglich den Reaktionsgleichungen gilt. Sie ergeben sich nämlich bereits aus folgender abstrakten Verallgemeinerung unserer konkreten, auf die Polyederoberflächen Bezug nehmenden Regel: Bei den Umwandlungen bleibt eine skalare Quantität konstant, welche unter die reagierenden Elementarteilchen restlos aufgeteilt ist, und zwar so, daß die Quoten, die dabei auf jedes

Minimum der Elemente „Feuer“, „Luft“ und „Wasser“ entfallen, sich wie 1 : 2 : 5 verhalten. Dieses Gesetz ist akkurat ein „Erhaltungssatz für eine (additive) Quantenzahl“, von dessen Art es in der modernen Elementarteilchenphysik mehrere gibt, mit unterschiedlichem Geltungsbereich und zuweilen geradewegs formuliert, um experimentell gefundenen Umwandlungsprozessen gerecht zu werden.

Da hierbei einfache Verhältnisse ganzer Zahlen ausschlaggebend sind, fühlt man sich an das Leitmotiv einer weiteren tragenden Stimme im Chor griechischer Naturphilosophie erinnert: Alles wird von ganzen Zahlen bestimmt! So aber lautet – zunächst möglichst neutral formuliert – der Grund- und Kernsatz *pythagoreischer* Weltanschauung. Wir haben im Vorliegenden ihrer Behandlung die Diskussion des erst später datierten eigenwilligen Quasikorpuskularkonzepts Platons vorangestellt, weil uns Demokrits Atomistik gerade zum Elementarteilchenaspekt geführt hatte. Um ihn nun einer allgemeineren Perspektive unterzuordnen, müssen wir wohl heutzutage Existenz und Verhaltensweise elementarer Teilchen als partiellen Aspekt einer generellen Quantenkonzeption betrachten, derzufolge viele physikalische Größen – sei es stets, sei es unter bestimmten Umständen – nur diskreter, d. h. mit Hilfe ganzer Zahlen durchnumerierbarer Werte fähig sind. Die Physiker in unserem Jahrhundert haben gezeigt, daß und wie ein gewaltiger Bereich der Naturerscheinungen von diesem Prinzip beherrscht wird, das man andererseits, freilich nur auf den ersten Blick hin, als modernen Ausdruck der pythagoreischen Doktrin bezeichnen möchte. Eben sie wäre, so gesehen, zu späten, unterwarteten Ehren gelangt. Insbesondere würde sich ihr der Atomismus unterordnen. Damit aber werden wir schließlich auf antikes Geschichtsverständnis zurückverwiesen. Denn ihm bereits erschien die Lehrmeinung Leukipps und Demokrits als Seitenlinie pythagoreischer Denkungsart. „In gewissem Sinne“, äußerte Aristoteles, „machen auch diese Philosophen sämtliche Dinge zu Zahlen und aus Zahlen“.[24] Da „Zahl“ unbedingt „natürliche Zahl“ heißt, sieht Aristoteles wohl den gemeinsamen Angelpunkt beider Denkschulen, der atomistischen und der pythagoreischen, in der Konzeption diskreter Strukturen.

In Wahrheit ist jedoch eine derartige Betrachtungsweise zu vordergründig, als daß sie den beiden philosophischen Systemen gerecht werden könnte, weder ihrem Eigenverständnis, noch ihrem historischen Verdienst, das erst die Retrospektive auszumachen vermag. Andererseits sollen unseren Blick auch die offenbar törichten und abergläubischen Aspekte frühpythagoreischer Zahlenspielerei nicht fesseln. Wir richten unser Augenmerk vielmehr auf Erkenntnisse und Spekulationen, wie sie der literarischen Öffentlichkeit von den pythagoreischen Naturphilosophen unterbreitet wurden, die sich (in Übereinstimmung

[24] JÜRSS, F. u. a. [10] S. 116

mit den oben skizzierten gesellschaftlichen Entwicklungen) dem rationalen Denken verpflichtet fühlten. Namentlich hervorzuheben, wir sagten es schon, sind hier Philolaos und Archytas.

Zu den ältesten, noch aus der Ordenszeit stammenden Überlieferungen, die sie verarbeiten, gehört das klassische, die Harmonien der Musik betreffende Beispiel pythagoreischer Naturerkenntnis: Es erklingt die Oktave, Quinte oder Quarte, wenn die Länge einer den Grundton erzeugenden, schwingenden Saite um den Faktor 1 : 2, 2 : 3 oder 3 : 4 verkürzt wird. Das ist, von einfachen geometrischen Einsichten sowie von astronomischen Regeln abgesehen, das erste quantitativ formulierte Naturgesetz, und es ist schwerlich anders gewonnen worden, als daß aus Interesse an numerischen Beziehungen die praktisch evidente Abhängigkeit der Tonhöhe von der Saitenlänge durch wirkliches Ausmessen quantitativ bestimmt wurde. Messungen der Rohrlängen von Pfeifen bieten sich in gleicher Weise an und führen zu denselben Zahlenverhältnissen. Diese also mußten als das Wesen der Konsonanzen erscheinen. „Die Quarte hat das Verhältnis 3 : 4, die Quinte 2 : 3, die Oktave 1 : 2“, heißt es in einem Fragment des Philolaos.[25]

Hier haben sich die Relationen verselbständigt, nachdem die zueinander in Beziehung stehenden konkreten materiellen Größen der Abstraktion zum Opfer gefallen sind, gerade so, wie bei den Preisen von Waren deren gegenständlicher Charakter hinter ihrem abstrakten Tauschwert verschwunden ist. Tatsächlich hatte (was freilich mitunter überschätzt wird) die ideologische Reflexion der zügig voranschreitenden Geldwirtschaft sehr daran mitgewirkt, das Abstraktionsvermögen in Richtung auf die pythagoreische Doktrin, „Alles wird von Zahlen beherrscht“, zu lenken. Und das war eine These, die, so intelligibel sie sich ausnimmt, dennoch ebenso mühelos auf die Erfahrung verweisen konnte wie etwa die Sentenz „Geld regiert die Welt“.

So gut wie keine empirischen Belege ließen sich indessen für den Grundsatz, „Die Welt besteht aus Atomen und Vakuum“, anführen, zu dem die Abderiten gelangt waren, als sie wie die Pythagoreer zwar auch von allen Qualitäten abstrahierten, dabei jedoch, ganz im Unterschied zu ihnen, ihre Aufmerksamkeit auf den konkreten materiellen Stoff konzentrierten. Sie betrachteten ihn gewissermaßen durch die Lupe ihres Anschauungsvermögens, wobei sich die erfahrbaren Dinge und Vorgänge in Konfigurationen, Ortsveränderungen und Stößen seiner kleinsten Teilchen auflösten. Dieses Bild war für die Atomisten von so handgreiflicher Evidenz, daß sie seinen Wahrheitsgehalt nicht weiter in Frage stellten, sondern vielmehr seine Erkenntnisfunktion überbewerteten, welche doch nach unserer Auffassung erst dann erfüllt ist, wenn man eine Anzahl makroskopischer Strukturen und Prozesse durch gedankliches Wieder-

[25] CAPELLE, W. [2] S. 479

zusammensetzen der konkreten materiellen Bausteine hat nachgestalten können, — im Detail und hinreichend überzeugend. Das konnte Demokrit zu seiner Zeit selbstverständlich nicht bewerkstelligen, gleichwohl, der Tendenz nach weist sein Denkstil auf ein derartiges konstruktives, synthesisches Naturverständnis, auf die „Physik der Modelle" hin. Im selben Sinne keimhaft angelegt ist bei den Pythagoreern die andere, die gleichsam analytische Methode der Naturforschung, die „Physik der Prinzipien". Sie möchte aufspüren, wie in der Welt allgemeine, übergreifende, abstrakte Gesetzmäßigkeiten maßgebend („Maß gebend!") sind, und sie möchte von ihnen her mit Hilfe logischer Schlußverfahren, insbesondere mittels mathematischer Untersuchung, die einzelnen Erscheinungen begreifen.

Das erste Teilgebiet der Erfahrungswelt, das so vom Geist mathematischer Analyse erschlossen wurde, war das Reich der Töne. Ausgehend von den schon erwähnten einfachen Erkenntnissen haben die Pythagoreer mit Hilfe arithmetischer Erwägungen in dieses Reich eine umfassende Ordnung eingeführt, die für die europäische Musikkultur bis weit in die Neuzeit hinein maßgebend war. Man könnte nun meinen, diese Errungenschaft betrifft die Vorgeschichte der Physik nur sehr indirekt, als beispielhaftes Muster, weil ja musikalische Erfahrungen und Gesetze solche der Ästhetik, nicht der Naturwissenschaft seien. Wie man aber wissen muß, waren frühgriechischen Denkgewohnheiten entsprechend Harmonie und Schönheit, Klarheit und Einfachheit in erster Linie nicht Chiffren ästhetischer Bewertung, sondern vermeintlich Eigenschaften der Realität selbst. Als heuristisches Prinzip hat alle wirklich große physikalische Theorie die Forderung, daß ihre fundamentalen Gesetze solchen ästhetischen Normen genügen sollen, nie außer acht gelassen, und damit hat sie letztlich etwas vom pythagoreischen und platonischen Naturgefühl bewahrt.

Im fünften vorchristlichen Jahrhundert artikuliert sich diese Mentalität freilich in einer urtümlich-phantastischen, nach orientalischen Vorbildern gestalteten Konstruktion, mit der die Pythagoreer eine Brücke schlagen zwischen Musik und Kosmologie, den Brennpunkten ihrer frommen, aber der Rationalität zustrebenden Betrachtungen. Die Rotation der Planeten, so wird behauptet, erzeuge wie die Schwingung der Saiten Töne, und deren Harmonie ist das Gesetz der Himmelsbewegungen: Es erschallen natürlich nicht irgendwelche Dissonanzen, sondern harmonische Akkorde, die, wie wir wissen, durch Zahlenverhältnisse charakterisiert sind. Regelten diese nun auf Erden die Bemessung der Längen von Saiten und Pfeifen, so bestimmen sie im Himmel die relativen Abstände der Planeten vom Weltzentrum. Diese auf Analogiegründen beruhende Hypothese gestattet allerdings noch nicht, die Bahnen der Planeten zu identifizieren, da ja deren Töne, angeblich weil sich unsere Ohren an sie gewöhnt haben, nicht ins Bewußtsein gelangen. Beobachtbare Größen waren dagegen die planetarischen Umlauffrequenzen. Eine solche mußte nun, wenn man die Analogie weiter fortführt, der (Grund-) Frequenz einer Saitenschwingung entsprechen, und darüber wußten die Pythagoreer etwas genauer Bescheid. Sie hatten nämlich erkannt, daß eine Tonhöhe ebensogut durch jene Schwingungsfrequenz (sie sagten „Schnelligkeit“) wie durch die Saitenlänge determiniert ist und sich also jene erhöht, wenn diese verkürzt wird. Im Verfolg der Analogiebetrachtungen blieb jetzt nur noch übrig, dieses Gesetz mutatis mutandis auf das himmlische Orchester anzuwenden. Indem die pythagoreischen Naturforscher so verfuhren, kamen sie zu dem richtigen Schluß, daß die Planeten bezüglich ihrer Abstände vom Weltzentrum genau so angeordnet sind wie in Bezug auf ihre Umlaufzeiten. Da diese aber empirisch ausreichend bestimmt waren, konnten die Pythagoreer somit als erste die wirkliche räumliche Reihenfolge der (damals bekannten) Planeten zutreffend angeben. Das ist ein frühes, besonders durchsichtiges, doch in der Physikgeschichte durchaus nicht singuläres Beispiel dafür, wie epochale Entdeckungen aus einer abwegigen Doktrin erwachsen können, wenn geniale Handhabung der Theorie in den entscheidenden Schlüssen die falschen Voraussetzungen ausklammert und einen rationalen Kern ergreift.

Nahezu als eine Abfolge genialer Einsichten im Dunkel zeitbedingter Unwissenheit möchte sich die Geschichte der pythagoreischen Kosmologie, bei der wir noch etwas verweilen wollen, dem Betrachter darstellen. Da wäre zunächst die Erkenntnis, daß die Erde eine Kugel ist, eine Entdeckung, die man wohl den Pythagoreern zusprechen darf. Höchstwahrscheinlich interpretieren sie die Bedeckung des Mondes bei seiner Verfinsterung richtig als Erdschatten und schlossen weiter von dessen stets kreisförmiger Berandung auf die Kugelgestalt der Erde. Vielleicht hat der ästhetische Wert, der dieser Figur beigemessen wurde, das Ergebnis der empirisch fundierten astronomischen Überlegung gestützt. Wie dem auch sei, die vollbrachte Leistung ist außerordentlich hoch zu veranschlagen, hielt doch selbst ein so scharfsinniger Denker wie Demokrit an der Vorstellung von der tamburinartig gestalteten, flachen Erde fest. Dabei mag allerdings doktrinärer Eigensinn im Spiel gewesen sein; und sicher ist er dafür verantwortlich zu machen, wenn noch die Nachfahren des Abderiten, Epikur und sogar im 1. Jahrhundert v. u. Z. Lukrez, nachdem sich die Wahrheit bei der Mehrheit der Gelehrten längst durchgesetzt hatte, die antiquierte Meinung über die Erdgestalt propagieren.

Unmöglich aber war es der Antike, die erstaunlich geniale Antizipation in ihren geistigen Besitz zu nehmen, mit der Astronomen, die sich zum Pythagoreismus bekannten oder ihm nahestanden, ihrer Zeit am weitesten vorauseilten. Wir meinen die Vorwegnahme des kopernikanischen Weltbildes! Sie erfolgte in mehreren Etappen. Der erste, von der Überlieferung dem Philolaos zugeschriebene Schritt führte zu einer Kosmologie, die weder geo- noch heliozentrisch ist. Vielmehr befindet sich der „Herd des Weltganzen“, ein heiliges Feuer, im Mittelpunkt des sphärischen Alls. An dessen äußerem Rand haften die Fixsterne während im Innern konzentrisch die übrigen Himmelskörper kreisen, ein jeder mit der ihm eigentümlichen Umlaufperiode. Bezüglich ihres Abstandes vom Zentralfeuer sind die Gestirne (von außen nach innen) folgendermaßen angeordnet: 1. die Fixsterne, 2. bis 6. die Planeten Jupiter, Mars, Venus und Merkur, 7. die Sonne, 8. der Mond, 9. die Erde, und, um das Maß der Zehn, der vornehmsten magischen Zahl, voll zu machen, noch die Gegenrede, eine frei erfundene Zugabe.

Unbeschadet seiner offensichtlichen Mängel ist dieses Gedankengebäude ein bewunderungswürdiges Monument der Emanzipation, der „Selbstbefreiung von dem Vorurteil, der Mensch und sein Lebensraum müßten im Mittelpunkt der Welt sein“.[26] Gewiß, auf ihre Art haben auch Demokrit, ja sogar schon Anaximander, dieses Vorurteil überwunden, als sie die Existenz unendlich vieler Kosmen postulierten, unter denen sich der unsere verliert. Doch von unvergleichlich tieferem astronomischen Inhalt ist gegenüber solcher Naturdichtung der Gedanke, mit dem die Pythagoreer den Erdball seiner exorbitanten, zentralen Stellung in unserem sichtbaren Weltsystem enthoben, und ihn als einen Wandelstern unter anderen begriffen.

Es ist kaum angängig, diesen Gedanken als lediglich eine Transposition des religiösen Motivs zu werten, wonach die Erde den Platz in der Weltmitte nicht beanspruchen kann, weil sie im Gegensatz zum göttlichen Feuer viel zu unrein sei. Nein, noch ein weiterer — von religiöser Motivation allem Anschein nach unabhängiger — Grund bewog die Pythagoreer, unsere Erde in Bewegung zu setzen. Sie hatten — wiederum eine bewunderswerte Leistung — die Möglichkeit erkannt, die tägliche Himmelsdrehung auf eine Bewegung der Erde zurückzuführen und sie somit als ein nur scheinbares Geschehen zu eskamotieren. Nun hätte man das ja am einfachsten erreichen können, indem man die Erde im Zentrum beläßt und ihr eine Rotation um die eigne Achse erteilt. Den Blick dafür mag das erwähnte religiöse Motiv verstellt haben. Vermutlich aber haben die Pythagoreer damals das Naheliegende einfach deshalb nicht gesehen, weil sie stattdessen unwillkürlich die Bewegung vor Augen hatten, welche nach allgemeiner Auffassung für die Himmelskörper charakteristisch war. Und das war natürlich der Bahnumlauf; präziser gesagt: es war höchstwahrscheinlich eine ganz spezielle, aber durch alltägliche Erfahrung wohlvertraute Drehbewegung, und zwar diejenige, die z. B. der Stein vollführt, der, an einer Schnur befestigt, im Kreis herumgeschleudert wird. Wenn sich schon die Erde bewegt, dann auf solche Weise — selbstverständlich mit einer Umlaufzeit von 24 Stunden! Sollten sich die Pythagoreer tatsächlich nach diesem Motto gerichtet

[26] Schrödinger, E. [19] S. 63

haben, so verstehen wir, warum sie nicht die Sonne, sondern ein hypothetisches Objekt in den Mittelpunkt der Erdbahn stellten. Bei der vorausgesetzten Bewegungsform wendet nämlich der umlaufende Körper dem Zentrum, geradeso wie uns der Mond, ständig die gleiche Seite zu. Daher ist der Zentralkörper von dieser Seite aus ununterbrochen zu sehen, während er den Antipoden niemals erscheint. Offenbar trifft das für die täglich auf- und untergehende Sonne nicht zu. Das Zentralfeuer dagegen ist natürlich niemals erblickt worden. Im Rahmen der pythagoreischen Theorie besagt dieser Umstand, daß die Menschheit nicht auf der Erdhälfte wohnt, die dem Zentralfeuer zugewandt ist; – dort sei es zu heiß, meinte man.[27]

Nun, so groß war die Hitze nicht, als daß sie ein Vordringen über die Grenzen der Mittelmeerkultur hätte verhindern können. Doch kein Zentralfeuer dämmerte auf dem Marsch nach Süden am Horizont hervor. Da konnte man schwerlich noch länger an seine Existenz glauben. Die Vorstellung eines Erdumlaufs um ein nunmehr leeres Weltzentrum war aber damals erst recht unhaltbar. So weist denn die pythagoreische Astronomie in dieser ihrer zweiten Etappe dem Erdball wieder seinen alten Platz im Mittelpunkt des Kosmos zu, womit sie freilich auf dem Wege zum kopernikanischen Weltbild einen Schritt zurück getan hat. Aber an ihrer zweiten großen Errungenschaft, der Erklärung der täglichen Himmelsdrehung, hält sie fest und macht jetzt für diese Erscheinung eine Rotation der Erde um ihre eigne Achse verantwortlich. Der Überlieferung nach haben vielleicht schon um 400 v. u. Z. Hiketas und Ekphantos, sicher aber ein halbes Jahrhundert später der Platonschüler Herakleides Pontikos, ein vielseitiger und bedeutender Gelehrter, die neue Theorie vertreten. Sie ist indessen, wie besonders Schrödinger betonte, im Prinzip gar nicht so neu. Denn genau genommen war die Achsendrehung der Erde bereits im System des Philolaos enthalten, und sie bewirkte auch dort den Tagesrhythmus. Sie ist ferner die Ursache dafür, daß der umlaufende Körper dem Zentrum dauernd die gleiche Seite zukehrt. Zu solchem Zweck muß sie freilich mit exakt derselben Frequenz und Drehrichtung wie der Bahnumlauf erfolgen, dem sie sich überlagert. Dieses Synchronismus wegen mag sich die Eigenrotation im System des Philolaos zunächst der Aufmerksamkeit entzogen haben.

Man darf aber vermuten, daß zumindest Herakleides Pontikos den richtigen Einblick in jene Verhältnisse gewann, als er die Erdbewegung am einfachen Modell studierte. Er wußte nämlich sehr wohl mit der Überlagerung von Bewegungen umzugehen. Dafür spricht seine überaus interessante Kinematik der inneren Planeten, Merkur und Venus. Aus ihren merkwürdigen Helligkeits-

[27] Die Gegenerde wird nicht beobachtet, weil sie bezüglich des Zentralfeuers dauernd in Konjunktion steht, d. h. auf dem von der Erde zum Weltmittelpunkt führenden Strahl liegt.

schwankungen schloß er ganz richtig, daß sich diese Planeten der Erde nähern und entfernen und sie infolgedessen nicht auf Kreisbahnen umlaufen können. Nun forderte aber das berühmte Platonische Axiom den Aufbau der astronomischen Phoronomie aus Kreisbewegungen. Herakleides macht daraufhin eine Annahme, die über die Jahrhunderte als „ägyptische Hypothese" bekannt geblieben ist. Ihrzufolge umkreisen Merkur und Venus die Sonne, die sich ihrerseits im Kreis um die Erde bewegt. Das ist eine spezielle Form der epizyklischen Bewegungsüberlagerung, eines konstitutiven Elements der später von Ptolemäus perfektionierten Planetentheorie. Andererseits hat Herakleides zum ersten Mal in der Geschichte die Sonne als ein Bewegungszentrum verstanden, und insofern stellt seine Theorie gewissermaßen die dritte Etappe auf dem Wege zur antiken Antizipation des kopernikanischen Weltbildes dar. Bekanntlich war es dann Aristarch von Samos, der diesen Weg vollendete, um 280 v. u. Z., etwa 150 Jahre nach Philolaos und ungefähr 75 Jahre nach Herakleides. Hatte der erste richtig einen Umlauf der Erde — aber um ein falsches Zentrum — vertreten, hatte der zweite richtig an eine Umkreisung der Sonne gedacht — aber fälschlich die Erde von dieser Bewegung ausgenommen —, so vereint Aristarch glücklich die wahren Intuitionen seiner Vorgänger unter Vermeidung ihrer Fehler, und begründet so das heliozentrische System.

Die großen Leistungen des Aristarch gehören einer Epoche an, (der hellenistischen), die jenseits unseres Berichtszeitraumes liegt, weshalb wir es uns hier versagen, sie im Detail zu erläutern oder über ihren lang währenden Mißerfolg in der Wissenschaftsgeschichte nachzudenken. Wir müssen im Gegenteil unseren Blick noch einmal zurücklenken, auf das Unteritalien des fünften Jahrhunderts, wo die historischen Umstände Mystik und Rationalität so wunderlich zusammenführten. Denn dieser merkwürdigen Verbindung entstammte ja (neben der eleatischen und empedokleischen) die pythagoreische Philosophie, und die hat durchaus das Erbe beider ihrer Elternteile gepflegt, gemehrt und umgestaltet, wenn auch nicht überall und immer mit den gleichen Akzenten. Der erste Keim rationaler Denkungsart, den die religiöse Glaubenslehre des Pythagoras von der milesischen Aufklärung empfängt, ist das Konzept der arché, das wiederum, in solchen spirituellen Organismus eingepflanzt, seine idealistischen Potenzen auf Kosten seines materialistischen Gehalts üppig entfaltet. Wir sprachen schon von einem derartigen Prozeß als von einem Zeichen jener Zeit: Die arché des milesischen Hylozoismus, diese lebendige, zielstrebig bewegt-bewegende Ursubstanz, verflüchtigt sich in einen sublimen Geiststoff, in ein alles vernünftig programmierendes und organisierendes Weltprinzip. Diesen „logos" nun entkleiden die Pythagoreer ohne Mühe der ihm noch anhaftenden Stofflichkeit, aber sie lassen ihn nicht in der vagen Unbestimmtheit einer unspezifizierten geistigen Macht zerrinnen. Nein, sie haben ja feste Formen in Gebrauch, die ihn aufzunehmen vermögen — und das sind die

Zahlen! Bilden die Zahlen im Aberglauben der Ordensleute ein von Glück und Verhängnis umwittertes Zauberreich, so erkennt der relativ aufgeklärte Pythagoreismus in ihnen die arché, denn er sieht sie nunmehr sozusagen als spezifizierten logos die Welt durchwalten und gestalten. Dabei verfahren sie zunächst im wesentlichen so, wie frühgriechischer Naturphilosophie gemäß kreative Gestaltungskräfte zu wirken pflegten: Sie bringen die Dinge durch ausscheidende Abgrenzung aus einem Unbegrenzten hervor. Als ersten Markstein setzt die Eins in dieses „ápeiron" den Punkt. Die Zwei erstellt schon ein Punktpaar und bestimmt damit eine gerade Linie. Auf analoge Weise treten alsdann die ebenen Figuren und schließlich die geometrischen Körper auf den Plan. In ihren mannigfachen Formen kommen, wie es Einsicht und Torheit in seltsamem Zusammenspiel vortragen, alle möglichen Zahleneigenschaften und -verhältnisse zum Ausdruck; während andererseits, ehe man sich's recht versieht, die mathematischen Körperformen zu physischen Quasiatomen materialisieren. Das alles ist sehr undurchsichtig und im einzelnen nicht nachvollziehbar. Man gewinnt aber den generellen Eindruck, als ob das ápeiron, ursprünglich eine sich selbst gestaltende Substanz, zunächst seine bildnerische Kraft an die Zahlen übertragen hat, aber dann auch seine Substantialität verliert, zum leeren Raum und somit nach gängiger Meinung zum Nichts degeneriert, derweil im selben Maße die Zahlen, die zunächst die Aufgabe übernommen hatten, das passiv gewordene Substrat zu durchformen, bei dessen Zunichtewerden nunmehr die Würde von Alleininhabern des wahren Seins beanspruchen, von Urbildern, welche, sich selbst ins Nichts projizierend, die Erscheinung einer materiellen Welt erzeugen.

Mit dieser Wende werden die Konturen einer universellen Ontologie immateriellen, idealen Seins sichtbar; und das bedeutet: es zeichnet sich die klassische Form ab, in die das griechische Denken den objektiven Idealismus bringen soll. Allerdings, die pythagoreische Zahlenmetaphysik war viel zu schwach, als daß sie eine solche allumspannende Konstruktion hätte tragen können. Vermochte der Pythagoreismus doch nicht einmal, die Mathematik vollständig dem Zahlenreich zu unterwerfen. Bestrebt, die Geometrie programmgemäß auf arithmetische Proportionen zu reduzieren, mußte er alsbald eine erschütternde Entdeckung machen: Es gibt Streckenpaare, deren Längen sich durchaus nicht wie ganze Zahlen verhalten! Bereits die Seite und die Diagonale eines Quadrats sind in diesem Sinne inkommensurabel. Ihr Längenverhältnis beträgt bekanntlich $1:\sqrt{2}$, was in keiner Weise als Quotient ganzer Zahlen ausdrückbar ist.

Dieses unerwartete Resultat, das sehr wahrscheinlich im letzten Drittel des 5. Jahrhunderts zu Lebzeiten Demokrits und Philolaos' erzielt wurde, verschärft die Krise, in die ein bis zwei Generationen zuvor Zenon das mathematische Denken geführt hatte. Aber welch ungleich höheres intellektuelles Niveau unterscheidet die wohlbegründete Feststellung der Inkommensurabilität von den windigen Paradoxien des Zenon. Und hatte dieser angesichts der Schwierigkeiten gleichsam den Bankrott erklärt, so kommt es ein Menschenalter später keinem seriösen Mathematiker auch nur in den Sinn, die Geometrie abzuschreiben, weil er sie nicht arithmetisch zu begründen verstand. Im Gegenteil, in kühner Kehrtwendung wird jene Disziplin zur mathematischen Fundamentalwissenschaft ausgebaut, die unanfechtbar fest auf eignen Füßen steht und ihrerseits in der Lage ist, mittels geometrischer Konstruktionen Aufgaben zu bewältigen, deren algebraische Lösung auf irrationale Zahlen führt, (die zu konzipieren der antiken Mathematik nicht einfiel).

Eine erstaunliche Leistung dieser Art hat schon ungefähr ein halbes Jahrhundert, bevor Euklid die mathematischen Kenntnisse seiner Zeit zusammenfaßte, Archytas von Tarent vollbracht. Unter Verwendung zweier gegebener Strecken, p und q, konstruiert er eine Kugel, einen Kegel und einen Zylinder auf so sinnreiche Weise, daß er schließlich mit Hilfe der Schnittkurven dieser Figuren zwei sogenannte mittlere Proportionale zu p und q zeichnen kann, d. h. Strecken x und y, für die $p : x = x : y = y : q$ gilt. (Die algebraische Lösung ist $x = p\sqrt[3]{q/p}$ und $y = q\sqrt[3]{p/q}$).

Die Emanzipation der Geometrie von der Arithmetik spiegelt sich nun in der philosophischen Position des Archytas wider. Von pythagoreischer Tradition geprägt, will er zwar den Zahlen seine tiefe Reverenz nicht versagen, doch muß er ihnen die geometrischen Größen gleichberechtigt zur Seite stellen. Zahl und geometrische Größe sind, so sagt er, die „beiden verschwisterten Urgestalten des Seienden“.[28] Die spezifisch zahlentheoretische Interpretation der Welt beginnt hier, in ein allgemeines mathematisches Naturverständnis hinüberzuwachsen. Nicht ohne Pathos widmet ihm Archytas eine Lobpreisung, in der man schon die Sentenz des Galilei zu vernehmen glaubt: Das Buch der Natur ist in mathematischer Sprache geschrieben! Diese Metapher trifft aber sehr genau den rationalen Kern pythagoreischen Denkens, wie er als Eckstein im Fundament neuzeitlicher Physik zum Tragen kommt.

In die Wissenschaftsgeschichte eingebracht haben ihn die Pythagoreer jedoch — so sahen wir — in einer merkwürdigen Umkehrung der wirklichen Sachlage. Während in Wahrheit objektive physikalische Eigenschaften und Gesetzmäßigkeiten der primär existierenden Materie im Erkenntnisprozeß auf mathematische Strukturen begrifflich abgebildet werden, gebärden sich in der pythagoreischen Metaphysik die Zahlen, oder in der Version des Archytas Zahlen und geometrische Größen, jedenfalls mathematische Begriffe als selbständig existierende, immaterielle, ideale Mächte und geben die Materie für ihr

[28] Diels, H. [3] 47 B 1

Produkt aus, für etwas Sekundäres also, das sie irgendwie gefertigt haben. Offensichtlich ist hier dem Traditionsgut frühgriechischen Philosophierens eine urtümliche Sonderform des objektiven Idealismus entwachsen, — und zwar eine Sonderform der Auffassung, die man später als „Begriffsrealismus" bezeichnen wird, weil sie auf der Hypostasierung von Allgemeinbegriffen, von Gebilden des logischen Denkens beruht. Es müßte ein völlig schiefes Bild der Pythagoreer entstehen, würde man ihr Auftreten als Protagonisten des objektiven Idealismus über ihrer progressiven Rolle als Vorgänger der exakten Naturwissenschaft vergessen machen.

Freilich, im Vergleich zu den physikalischen und astronomischen Antizipationen oder erst recht zu den mathematischen Leistungen des Pythagoreismus wirkt seine idealistische Zahlenmetaphysik — so wie wir sie vorhin kennengelernt haben — unausgereift, unbeholfen, undeutlich. Schon gar nicht kann sie ihre Schwäche im Kontrast zu dem großangelegten Werk verbergen, worin Demokrit, der weltanschauliche Gegner, für die damaligen Umstände vollendet, souverän und durchsichtig nachweist, wie die Welt materialistischen Prinzipien gemäß funktioniert. Was Wunder, daß sich noch zu Lebzeiten des Abderiten einige pythagoreische Naturforscher, voran der oben schon erwähnte Ekphantos, den Positionen des materialistischen Atomismus annähern.

Diese an sich verheißungsvolle Annäherung findet indessen ohne aufsehenerregende Folgen im Abseits der Philosophiegeschichte statt. Denn deren Held ist zur fraglichen Zeit Platon; und er verhilft, gegen den Materialismus Demokrits Front machend, dem objektiven Idealismus zum entscheidenden Durchbruch. Wie sich denken läßt, war solch Erfolg mit Hilfe lediglich der „beiden verschwisterten Urgestalten" — Zahl und Größe — nicht zu erzielen. Nein, Platon bietet ein ganzes Heer immaterieller Wesenheiten auf. Es sind die vielberühmten „Ideen", die „idéai", („Formen", „Gestalten") wie er sie vielleicht in Anspielung auf Demokrits „átomoi idéai" („unzerschneidbare Formen", alias „Atome") nennt. Er läßt damit durchblicken, so möchte man glauben, daß es ihm um dieselbe Frage geht, die seiner Meinung nach der Abderite falsch beantwortet hatte, um die zentrale Frage der griechischen Philosophie nämlich, um die Frage nach dem Sein. Das ungewordene, unveränderliche, unvergängliche Sein, das Parmenides nur als undifferenziertes, eigenschaftsloses „Eines und Alles" verstehen konnte, muß gewissermaßen in Teilstücke zerlegt werden, damit diese, indem sie sich in wohlbestimmter Weise zueinander anordnen und voneinander abgrenzen, Vielgestaltigkeit und qualitativen Reichtum erzeugen. Solche Teilstücke des Seins, eben das sind die „idéai". So war es bei Demokrit, so ist es bei Platon. Jedoch was jener anschaulich als räumliche Zerlegung, Anordnung und Abgrenzung aufgefaßt hatte, begreift dieser abstrakt als logische Analyse, Relation und Definition, — oder genauer gesagt, als deren ontologische Fehlinterpretation.

Der Platonismus ist nämlich Begriffsrealismus, der sich nicht wie die pythagoreische Sonderform auf Zahlen und Größen beschränkt, sondern sämtliche denkbaren Universalien umfaßt. So gibt es beispielsweise die Idee des Baumes. Am besten stellen wir sie uns als eine Entität[29] vor, welche die gemeinsamen Eigenschaften all der zahllosen Bäume vereinigt, jedoch der Besonderheit und konkreten Individualität eines einzelnen Exemplars entbehrt und ihnen deshalb allen als ein Wesen sui generis gegenübersteht. Aber dieses Wesen erachtet Platon durchaus nicht — wie es der Wahrheit entsprechen würde — für einen Allgemeinbegriff, für ein Produkt gedanklicher Abstraktion, unverzichtbar zwar als Mittel gnoseologischer Widerspiegelung objektiver Realität, seiner Existenzweise nach aber doch lediglich ein Gedankending im Bewußtsein. Ganz im Gegenteil! Jenes Wesen gilt ihm als Inhaber des „óntos on", des wahren, des „seienden Seins", der höchsten Realität, und in solchem hypostasierten Zustand ist es eine „idéa". All diese nun bilden einen Kosmos, in dem eine jede relativ zu den anderen ihren wohlbestimmten Ort hat; natürlich nicht auf Grund räumlicher Benachbarung, sondern weil die Ideen (wie Allgemeinbegriffe, die sie von Haus aus sind,) sich nach den Gesetzen von Gattung und Art, nach begriffslogischen Regeln, einander über-, neben- und unterordnen. Aber konsequenterweise verwandelt sich das logische Ordnungsgefüge von Begriffen, werden diese zu an-sich-seienden Ideen, in ein System ontologischer Dependenzen. Und so verkehrt Platon gute Logik in schlechte Ontologie. Insbesondere stellt sich ihm die logische „Teilhabe" der Einzeldinge an ihren Gattungen als ontologische Deszendenz dar. Von den ewig-unveränderlichen seienden Ideen, den vollkommenen Urgestalten, werden gewissermaßen zahlreiche unvollkommene Bilder in die „chóra", projiziert, in den gestaltlosen, „aufnehmenden", leeren, quasi-nichtseienden Raum, wo sie sozusagen übereinanderlagernd zu den konkreten Dingen zusammenwachsen (concrescere!), welche ihrerseits, gleichsam Mischungen von Sein und Nichtsein, bei minderem ontologischen Status ein Schattendasein führen, vom Schicksal des Werden-und-Vergehens gezeichnet. (Man erinnere sich: Auch nach Ansicht der Atomisten kam Bewegung und Veränderung dadurch zustande, daß die Seinsteilchen (die „átomoi idéai") in das „me-on", in den „nichtseienden" leeren Raum geworfen sind).

Es ist gewiß unmöglich, das philosophische Werk, das Platon während eines langen Lebens entwickelt aber auch umgestaltet hat, mit wenigen Worten adäquat zu erfassen. Eine trotzdem hier mit sparsamen Zügen entworfene Skizze des Platonismus soll lediglich unser Bild von der „vorsokratischen"

[29] Wir haben kein Synonym für „Wesenheit" finden können, das besser als die scholastische Wortschöpfung „Entität" akzentuiert, daß hier durchaus etwas „Seiendes" gemeint ist.

Naturauffassung abrunden, indem sie deren historischen Standort durch einen Hinweis auf das nachfolgende Kapitel der Philosophiegeschichte etwas deutlicher markiert. Dieses Kapitel — soviel lehrte schon ein flüchtiger Blick — führt die Traditionen des frühgriechischen, von kosmischem Natur- und Seingefühl getragenen Denkens fort, ist aber aus ihnen allein schwerlich erklärbar. Tatsächlich hatte ja, um die Mitte des 5. Jahrhunderts einsetzend, diesem Denkmuster gegenüber ein anderes, ganz auf den Menschen, sein Erkennen und Handeln, seine sozialen Bezüge orientiertes Philosophieren schnell an Boden gewonnen. Hervorgerufen durch die reichhaltige gesellschaftliche Praxis der sich zügig entwickelnden Sklavenhalterdemokratie, hat diese intellektuelle Bewegung — die sogenannte Sophistik — progressive Aufklärung vertreten, die Logik in lebendiger Rhetorik ausgebildet, aber nichtsdestoweniger ihrem anthropozentrischen Ansatz gemäß von Beginn an Subjektivismus und Wahrheitsrelativismus verbreitet, welche, als die Polis in die historische Krise geriet, offenbar frivole Auswüchse zeitigten, die zur Reaktion herausforderten.

Das war nun die Stunde eines Mannes, dessen Namen die Zeiten überdauern sollte, es war die Stunde des Sokrates! Er stellt jener Herausforderung die Überzeugung entgegen, daß die Dialektik des Streitgesprächs keineswegs jedwede beliebige Behauptung sophistisch rechtfertigen kann, sondern vielmehr zu fester Begriffsbestimmung und damit zu vernünftiger Einsicht in allgemeingültige Wahrheit führt. Unkenntnis dagegen sei die eigentliche Ursache für die herrschende politisch-moralische Konfusion, nämlich Unkenntnis der rechten Ethik. Und so sind es die ethischen Kategorien, zu deren Klärung Sokrates seine dialektische Kunst entfaltet, wie es uns das frühe Werk seines treuesten Schülers in literarischer Vertiefung überliefert hat. Dieser Schüler war kein anderer als Platon, der nun aber nach dem Tode seines Meisters während einer langjährigen Studienreise in engen Kontakt mit den Phytagoreern kommt. Dabei findet er für das Sokratische Ringen um die Klarheit der Begriffe, für dieses Bemühen, durch begriffliche Analyse Allgemeines zu erkennen, auf ganz anderem Felde augenfällige Entsprechung — in der Mathematik! Sie indessen war der pythagoreischen Doktrin zufolge Quell objektiver Wahrheit, weil ihre Gegenstände, die Zahlen und Größen, ja die „eide" sind, die hypostasierten Archetypen aller Dinge. Was lag nun näher, als — solchen Begriffsrealismus verallgemeinernd — den Wahrheitsanspruch der Sokratischen Analytik ebenso zu begründen: Ihre Logik der Begriffe liefert sichere Wahrheit, weil sie als „Onto-Logik" der Ideen das objektive, allerrealste Sein unmittelbar erfaßt.

Andernteils ist im Grundtenor dieser Ontologie das von Sokrates vererbte ethische Pathos lebendig. Erstlinge im Ideenreich, was dessen Erfindung betrifft, stehen dort die ethischen Kategorien auch dem Range nach obenan. Und etwas von ihrem axiologischen Charakter haben die Ideen allesamt angenommen. Sie sind nicht nur ontologische Entitäten, sondern auch „Ideale", welche vorschreiben, wie die Sachen, die sich hienieden hart im Raume stoßen, ihrem Ziel und Zweck gemäß eigentlich „sein sollen". Das gilt für die Naturdinge und ihre zweckmäßige Ordnung im Prinzip nicht anders als für die Menschen und deren sinnvolle staatliche Organisation. Denn Platons Philosophie hebt vom humanen Bereich her an und behält ihn, seine Grenzen überschreitend, in ihrem Zentrum. Gleichsam um ihn herum baut sie ihr allumfassendes System aus, das Logik, Ontologie und Axiologie auf einen phantastischen Hauptnenner bringt, — letzten Endes ein ideologisches Unterfangen, Anthropologie und Staatsdoktrin in einer transzendenten Weltordnung metaphysisch festzuschreiben, unverrückbar zu verankern.

Gleichwohl, wie auch immer das philosophische Denken von ideologischen Gründen und Zielen bestimmt wird, bei hinreichender Rationalität unterliegt es andererseits der inneren Logik seiner Problematik, insonderheit wenn es ernsthaft mit der Natur befaßt ist. Deshalb beherrscht die Dialektik, mit der sich ideologischer Antrieb und eigengesetzliche Dynamik zueinander nach Stärke und Richtung ins Verhältnis setzen, den Gang der griechischen Naturphilosophie, die wir über ein knappes Vierteljahrtausend verfolgt haben. In diesem Zeitraum blüht die Polis auf, reift sie aus und verwahrlost, und damit in Korrespondenz wandelt sich jenes Verhältnis. Es ist, wenn Platon sein naturphilosophisches Alterswerk schreibt, nicht mehr so wie es war, als Thales über die arché nachzudenken begann.

Damals suchte eine kleine progressive, ökonomisch unabhängige, unternehmungslustige Oberschicht nach ideologischer Selbstbestätigung, während doch im gesellschaftlichen Bewußtsein unkontrollierbare mythologische Mächte mit dem Recht von Göttern herrschten, denen Gewalt über die ganze Natur zugebilligt ward. Entmythologisierung der Natur also mußte die vornehmste Aufgabe der ersten Philosophen sein! Das Human-Gesellschaftliche beließen sie dabei eingebettet in die „physis", in die rational erfaßbare Gesamtnatur, welche ja in ihrer Substanz bei aller physischen Materialität noch psychische, ethische, im gewissen Sinne göttliche Qualitäten „verkörperte". Der „logos" durchwaltete die Natur; und das von ihm, von Vernunft also, bestimmte menschliche Handeln war ethisch als das der Natur gemäße gerechtfertigt. Der Zweiklang von Natur und Vernunft ertönt seither in der Geistesgeschichte als Fanfarenruf der Aufklärung — aber nicht in ungetrübter Harmonie, sondern von einer Spannung getragen, welche die Philosophie, jeweils bestimmten ideologischen Bedürfnissen folgend, in idealistischen oder materialistischen Variationen auflöst. Hierfür ist wie in so vielen Punkten das frühgriechische Denken klassisches Beispiel. Einmal läßt es den logos, oder die logoi (bei den Pythagoreern etwa in Gestalt der Zahlen) über die Materie triumphieren. Zum anderen treibt es die Aufklärung mit dem unerhört kühnen Gedanken voran, daß die Natur genausowenig wie von den Göttern beherrscht von irgendwelchen unpersönlichen intelligenten Mächten nach Zweck und Ziel gestaltet wird. Wenn auch mechanische Aspekte überbetonend, entwickeln die Abderiten ein Modell der rein materialistisch funktionierenden Natur. Ihre von allen Anthropomorphismen befreite Naturauffassung flankiert indessen nur eine Philosophie des human-gesellschaftlichen Bereichs (die Sophistik vornehmlich), welche ohne Bezugnahme auf die physische Natur auf eignen Füßen steht und der „physis“ den „nomos“ gegenüberstellt. Die aufgeklärtesten Köpfe verstanden darunter aber das Gesetz, das die Menschen, die sich nunmehr ebensowenig auf eine allumfassende Weltvernunft berufen wie an die Götter binden können, ihrem eigenen Urteil vertrauend in pragmatischer Absicht selbst machen und daher auch wieder revidieren.

Doch geistiger Freisinn, von keiner fortschrittlichen Klasse oder Schicht mehr getragen, entartet in intellektualistischen Libertinismus, auf den dann die Konservativen nur allzu eilfertig mit dem Ruf nach law and order zu reagieren pflegen. So war es auch zu einer Zeit, als den krisenhaften Entwicklungen der griechischen Polis allem Anschein nach nicht mehr anders denn von oben her gesteuert werden konnte. Da erwuchs der Sklavenhalteraristokratie in der Person Platons ein genialer, aber nicht minder rigoroser Wortführer. Seine Staatsmodelle propagieren eine spartanische Disziplinierung des gesamten gesellschaftlichen Lebens bei absoluter Herrschaft einer elitären Minderheit über die Masse der Bauern und Gewerbetreibenden, die sich in der Tugend des Gehorsam und der Selbstbescheidung zu üben haben. Zur Konsolodierung solcher Klassengesellschaft müssen staatliche Gewalt und ideologische Indoktrination Hand in Hand arbeiten. Dessen wird sich Platon im Laufe seines Lebens immer deutlicher bewußt, und ganz unverhohlen stellt er eine Religion, die das soziale Reglement in der Gerechtigkeit Gottes verankert, als das geeignete ideologische Mittel zum Zweck dar, gesellschaftskonformes Verhalten zu gewährleisten. Dementsprechend seien Atheisten zu verfolgen, wenn unbelehrbar hinzurichten, und verboten werden müsse alles, was der frommen Denkungsart abträglich sein könnte. Unter dieses Verdikt fällt aber nicht zuletzt die naturwissenschaftliche Aufklärung, welche die göttlichen Mächte aus der Natur, insonderheit aus ihrer bevorzugten Heimstatt, dem gestirnten Himmel, vertreibt. Wer etwa behauptet, daß Sonne, Mond und Sterne nichts als Erde und Steine sind, soll jetzt in den Verruf eines gottesleugnerischen Staatsverbrechers kommen.

In Verwirklichung eines derartigen Programms Vernunft und Wissenschaft durch Brachialgewalt zum Schweigen gebracht zu haben, dieser traurige Ruhm blieb allerdings späteren Epochen vorbehalten. Des weiteren waren die großen Traditionen zweier Jahrhunderte griechischen Philosophierens zu gewichtig, als daß blinder Eifer doktrinärer Demagogie vor ihnen hätte bestehen können.

Jene Traditionen bestimmten wesentlich das intellektuelle Niveau der weltanschaulichen Auseinandersetzung, und insofern Platon, von ihnen getragen, ein solches Niveau erreicht und überboten hat, bewahren wir ihn nicht als ideologischen Scharfmacher, sondern als einen großen Philosophen im Gedächtnis. Er wäre freilich nicht Platon gewesen, hätte er nicht gerade auf diejenigen Denkmöglichkeiten zurückgegriffen, mit denen schon zur ersten Hälfte des fünften Jahrhunderts aristokratischer Konservatismus seinem ideologischen Interesse in Systemen rationaler Begrifflichkeit philosophisch Ausdruck zu verleihen suchte: Eleatentum und Pythagoreismus. In ihrem Geist hat, wie gesagt, der von Sokrates kommende Platon sein ureigenes Werk geschaffen, die Ideenlehre, von der aus betrachtet die aus Gründen der Staatsräson anempfohlene Religion, gewissermaßen wie eine um der populären Verständlichkeit willen getroffene Simplifizierung des objektiven Idealismus erscheint. Der aber hat in der Tat eine merkwürdige Affinität zum Mythos, dessen sich denn auch die Platonischen Dialoge, die ja Kunstwerke sein wollen (und auch sind), immer wieder — man möchte sagen als eines ihnen wohl anstehenden Mittels ironischer Verfremdung bedienen.

Gleichwohl, unbeschadet solcher dichterischer Freiheiten, und ideologischen Vorurteilen zum Trotz, kommt in Platons Werk die Eigendynamik echter Problematik zur Wirkung. Freilich entwickelt sich jenes Werk auf Grund des objektiv-idealistischen Ansatzes in prinzipieller Verkehrung der wirklichen Sachlage, — aber eben doch nicht ohne Methode, quasi in Form einer systematischen Fehldeutung von an sich zutreffend erfaßten Momenten des Tatsächlichen, der Logik und des Seins und schließlich auch der Natur. Hat sich nicht späteres Denken, als es das Konzept des Naturgesetzes ersann, an der Lehre von den Ideen orientieren können, zumal sie ja im „Timaios“ mit dem pythagoreischen Postulat der Mathematisierung verschmolz? Und ebendort trifft sich dieser abstrakte Stil quantitativer Naturauffassung mit der konkretanschaulichen Art, in Größen zu denken, die, von Demokrit perfektioniert, den materialistischen Atomismus hervorgebracht hatte. Mit welchem Eigengewicht letzterer die zeitgenössische Naturphilosophie beeindruckte, erhellt aus der Tatsache, daß Platon nicht umhin konnte, jene spektakuläre Errungenschaft des weltanschaulichen Gegners ernsthaft in Rechnung zu stellen. Dabei gelingt es ihm, durch ein geschicktes Manöver dessen atomistische Denkweise in seinem eigenen System negierend-bewahrend „aufzuheben“. Nämlich, — so können wir die Quintessenz seiner schon an früherer Stelle ausführlich diskutierten einschlägigen Spekulationen jetzt in genauerer Kenntnis seiner philosophischen Prinzipien ausdrücken, — Platon identifiziert die „Idee“ des Elementarteilchens mit derjenigen des regulären Körpers und macht damit das Spektrum und die Umwandlungsschemen der elementaren Bausteine der Natur mathematisch kalkulierbar. Gerade das ist sehnlich erstrebtes Ziel auch der modernen theoretischen Physik, die ebenfalls ihre vormals handfesten korpuskularen Vorstellungen in abstrakten mathematischen Methoden aufgehoben hat. Da kann man verstehen, daß prominente Physiker in Platons Nachsinnen über die Elementarteilchen eine frühe Antizipation ihres Metiers, ein bewundernswertes Beispiel für die eigenständige Kraft begrifflichen Denkens erblickt haben.

Andererseits ist die Platonsche Philosophie, was natürlich niemand ignorieren kann, ein besonders eklatantes Beispiel für maßloses Überschätzen des reinen Denkens unter Mißachtung der sinnlichen Erfahrung, mithin für eine Geisteshaltung, die alles mögliche zuwege bringen mag, nur eben nicht Physik. Auf seine Weise ist davon Platon selbst überzeugt. Alles, was er über das Entstehen und den Aufbau der natürlichen Welt berichtet, sei, wie er ausdrücklich betont, nicht wahr, sondern bloß wahrscheinlich, d. h. „wahr-scheinend". Denn, so dürfen wir ihn interpretieren, wahre Erkenntnis kann es nur von dem geben, was wahrhaftig, realissime existiert, vom zeitlosen, transzendenten Ideenreich also, in welches aufzusteigen das reine Denken berufen ist. Die Erfahrungswirklichkeit als bloßer Abglanz jenes ewig Geistigen hingegen bietet lediglich den Sinnen ein Schauspiel dar; und läßt sich das Denken dazu herab, an diesem Spektakel Interesse zu nehmen, so wird ihm nicht mehr als ein Widerschein der Wahrheit zuteil.

All das ist offenbar stark dem Parmenides nachempfunden und wie das Eleatentum dem Klassenbewußtsein einer Herrenschicht entsprossen, welche, der Mühsal produktiver Arbeit himmelweit enthoben, sich nun auch ideologisch aufs äußerste über die materielle Basis erheben möchte. Ultima ratio solcher weltanschaulichen Tendenzen und daher gewiß esoterisch, verdeutlicht Platons metaphysische, exzessiv praxisferne Gnoseologie andererseits doch, gerade weil sie so übertrieben ist, einen generellen Sachverhalt: Unter den sozialökonomischen Bedingungen der antiken Gesellschaftsformation konnte es bei allen guten Ansätzen und gewichtigen Teilerfolgen letztlich nicht gelingen, sinnliche Erfahrung und abstraktes Denken zu jenem dialektischen Zusammenwirken zu vereinen, das nach unserer heutigen Überzeugung für eine wohlproportionierte und zügige Entfaltung der Wissenschaften unbedingt erforderlich ist.

Dementsprechend erreicht die Erkenntnis im Poliszeitalter zwar eine ungeahnte Tiefe der philosophischen Reflexion, doch droht sie, sich darin zu verlieren. Unter den modifizierten gesellschaftlichen Voraussetzungen der hellenistischen Epoche kann sich dann — was hier lediglich angedeutet werden soll — einzelwissenschaftliche Forschung in gewissen Grenzen entwickeln. Mit Abstand am weitesten hinausgeschoben hat diese Grenzen aber bezeichnenderweise eine Disziplin, deren unmittelbarer Untersuchungsgegenstand nicht die unsere Sinne affizierende Materie ist, sondern das logische System abstrakter begrifflicher Strukturen, die allein das Denken vermöge des reinen deduktiven Beweisverfahrens in sicheren geistigen Besitz nehmen kann. Gemeint ist die Mathematik, welche Wissenschaft mit der ihr eigentümlichen axiomatischen Methode und der für sie sprichwörtlichen Strenge im Klima Platonischer Rigorosität zur wohl wunderbarsten Frucht griechischer Geisteskraft ausreift, aber in ebendieser Atmosphäre auch an die Grenzen ihres Wachstums gelangt, der erfrischenden Anregung durch praktische Aufgaben ermangelnd.

Nicht daß es daran gänzlich fehlte. Nein, wo die mit der materiellen Realität direkt befaßte Forschung seinerzeit ihren Gegenstand am sichersten im Griff hatte, in der Astronomie nämlich, da lebte sie geradezu von angewandter Mathematik — und nicht minder, wie man hinzufügen muß, von sorgfältigen Beobachtungen. Die Kunst astronomischen Observierens, sakrosankt durch ihre altehrwürdigen Traditionen, konnte auch Platon nicht abwerten, zumal er ja die Sternenwelt als einen sichtbaren Ausdruck göttlicher Harmonie und Schönheit verstand. Nun bewegen sich aber augenscheinlich die Planeten keineswegs mit der makellosen Gleichmäßigkeit, die nach der Theorie (der „Gottesschau" im wörtlichen, der „Ideenschau" in Platons Sinne) den göttlich erhabenen Himmelskörpern angemessen ist. Doch diesen Widerspruch empfand die alte Platonische Akademie, charakteristisch für ihre Mentalität, offenbar nicht als Bedrohung der theoretischen Prämissen, sondern vielmehr als Gefährdung der empirischen Phänomene, denn auf die Tagesordnung setzt sie das „Retten der Erscheinungen". So der terminus technicus für das von der Akademie geforderte Verfahren, den fraglichen Widerspruch aufzulösen: Dem (bereits S. 41 erwähnten) Platonischen Axiom gemäß war der irreguläre Lauf der Planeten, so wie er beobachtet wird, durch Überlagerung gleichförmiger Kreisbewegungen, die a priori für das Himmelsgeschehen maßgebend sein sollen, mathematisch darzustellen. Das ist freilich leichter gesagt als getan. Und so bleibt die antike Astronomie damit nicht weniger als ein halbes Jahrtausend lang beschäftigt, während ihres heroischen, von Eudoxos (um 408 bis 365 v. u. Z.) eröffneten und von Ptolemäus (um 90—160 u. Z.) vollendeten Zeitalters, in dessen Verlauf sie eine ganze Reihe geometrischer Himmelsmodelle als Lösungen der von Platons Akademie gestellten Aufgabe hervorbringt.

Es ist dies in der Wissenschaftsgeschichte ein Kapitel für sich, das wir hier nur im Hinblick auf seine erkenntnistheoretisch-methodischen Aspekte erwähnen. Die philosophische Spekulation hatte das Problem, die Himmelserscheinungen mathematisch darzustellen, zwar formuliert, es aber selbstverständlich im gleichen Moment an die Geometer und Arithmetiker delegiert, deren Konstruktionen und Kalkulationen wiederum früher oder später Rückfragen an die zu „rettenden" Phänomene aufwerfen mußten, Fragen, auf die allein neue, präzisere Beobachtungen Antwort geben konnten. Sprunghaft erreicht daher die empirische Astronomie eine höhere Qualität; und ihre neugewonnenen Erfahrungen wirken nun auf die Theorie zurück, erzwingen die Revision mitunter fundamentaler Konzeptionen. Beobachtungsmaterial immer besser in Rechnung stellend, vermochte die zölestische Kinematik schließlich eine Fülle empirischer Daten auch quantitativ mit relativ guter Genauigkeit zu erklären und vorauszuberechnen.

Kurzum, das „Retten der Phänomene", ursprünglich als ihre Rechtfertigung vor dem Thron aprioristischer Spekulation gedacht, entwickelt sich in der Astronomie de facto zu einer Forschungsmethode, die in wesentlichen Zügen eine Arbeitsweise neuzeitlicher exakter Naturwissenschaft vorwegnimmt und zwar diejenige, welche wir auch heute die „phänomenologische" nennen. Es ist das eine Verfahrensweise, die sich bescheidet, die Erscheinungen in mathematischer Darstellung zu beschreiben, ohne sie aus sogenannten „first principles" begründen zu wollen; und insofern hat diese Denkungsart eher zu wenig denn zu viel von einem wohlverstandenen, d. h. als etwas Relatives verstandenen, spekulierenden Apriorismus mitbekommen, dessen man ja nun auch nicht entraten kann, wenn immer die Natur aus ersten Prinzipien begriffen werden soll.[30]

Ebendas, das kühn nach dem innersten Zusammenhalt der Welt greifende Denken ist das Stigma der griechischen Ontologie und Naturphilosophie, ist ihre glühende, noch ferne Generationen entflammende Leidenschaft, der gegenüber die Hinwendung der antiken Astronomie zu geduldiger Beobachtungs- und Rechenarbeit fast wie eine Entzauberung, eine freilich überaus notwendige, gehörige Ernüchterung, anmutet, kontrastierend gerade mit der Schwäche des Gedankens, dem über der Suche nach den Urgründen nur zu rasch die Erscheinungen entgleiten. Freilich, die eleatischen und platonischen Versuche, aus dieser intellektuellen Not eine Tugend zu machen, mußten jeweils auch namhafte Philosophen von der Notwendigkeit überzeugen, (wenngleich nicht expressis verbis) „die Erscheinungen zu retten", was natürlich im weiteren Sinne, aber auch unter anderem Blickwinkel als das astronomische Postulat der frühen Akademie verstanden werden möchte: Dem Übermut des Apriorischen ist nicht mit serviler Rechtfertigung der Phänomene zu begegnen, sondern mit der bewußten Durchsetzung ihrer

[30] Den Begriff des „relativen Apriorismus" oder des „relativen Apriori" haben H.-H. v. Borzeszkowski und R. Wahsner erörtert. Sie verstehen darunter, (s. [1]) „daß, bezogen auf die jeweilige Theorie, etwas vorausgesetzt werden muß, das nicht induktiv aus der Erfahrung abgeleitet worden ist. Es ist nicht denknotwendig in dem Kantschen Sinne, daß die ewige Natur des menschlichen Verstandes gar keine anderen Voraussetzungen zuläßt. Denn die vorangestellten apriorischen Bestimmungen sind im Prinzip, je nach ihrem Charakter, entweder durch andere Postulate ersetzbar oder im Rahmen anderer Theorien bzw. im Verlaufe der menschlichen Entwicklung zu widerlegen".

legitimen Rechte, die ihnen gebühren, weil sie, die Erscheinungen, Quelle und Kriterium der Erkenntnis sind, weil sie dem Wesen der Dinge, obzwar mit ihm nicht identisch, sichtbaren Ausdruck verleihen, weshalb denn Theorien und Hypothesen die empirischen Phänomene nicht beiseite schieben dürfen, sondern sie erklären müssen, welcherart sich schließlich und endlich jene vor diesen als der letzten Instanz zu rechtfertigen haben und nicht umgekehrt.

Aber solch richtige Maxime auszustellen ist eines, ein anderes, sie im einzelnen zu verwirklichen. Was in ihrer Art und auf ihrem Felde die Astronomie vermochte – aus der Dialektik von sinnlicher Wahrnehmung und theoretischem Denken heraus zu gesicherter Erkenntnis zu kommen – das konnte der griechischen Naturphilosophie nur in Ansätzen gelingen, andernfalls ja wohl damals schon eigentliche Physik aus ihr hervorgegangen wäre. Die genialste Antizipation viel späterer physikalischer Naturerkenntnis, der Atomismus Demokrits, „rettet", d. h. erklärt gewiß die Phänomene der Bewegung und der Vielfältigkeit, den Angriff des unifizierenden Weltallstillstellers Parmenides zurückweisend. Aber zwingend war diese Erklärung nicht. Die Grundprinzipien der atomistischen Weltansicht waren – wir betonen es bereits an früherer Stelle – empirisch sogar noch schlechter als der rationale Kern des idealistischen Pythagoreismus begründet. Sie sind vielmehr a priori konstruiert worden. Wenn auch im vorliegenden Fall gewissermaßen ein (relatives) Apriori der Anschauungsformen am Werke ist, es triumphiert doch der Verstand über die Sinne, was dem Abderiten, der die entscheidende gnoseologische Funktion der sinnlichen Wahrnehmung durchaus anerkennt, schmerzlich bewußt ist.

Nachdem der Verstand (das Wesentliche richtig erfassend) objektive Realität nur den Atomen und der Leere zuerkannt, die Qualitäten der Sinneseindrücke, wie Farbe und Geschmack, für subjektive Empfindungen erklärt hatte, läßt Demokrit (in dem berühmten Fragment 125) die Sinne entgegnen: „Du armer Verstand, von uns nimmst du deine Beweisstücke und willst uns damit besiegen? Dein Sieg ist dein Fall."[31] Offenbar konnte Demokrit zu seiner Zeit der Dialektik von Sinnen und Verstand, wiewohl er energisch auf das Zusammenwirken beider dringt, noch nicht Herr werden. Und so muß er denn einer milden Skepsis das Wort reden, der wir indessen, Schrödingers trefflichem Kommentar folgend, einen positiven Aspekt abgewinnen möchten: „Bloße Skepsis ist eine billige und unfruchtbare Angelegenheit. Die Skepsis eines Mannes aber, welcher der Wahrheit näher gekommen ist als irgend jemand vor ihm und der dennoch klar die engen Grenzen seiner eignen Denkbilder erkannte, ist groß und fruchtbar und mindert nicht, nein, verdoppelt den Wert seiner Entdeckungen."[32]

[31] DIELS, H. [3] 68 B 125
[32] SCHRÖDINGER, E. [19] S. 45

Groß aber auch ist es, daß Demokrit an seinen richtigen Überzeugungen festhielt, obgleich ihm die Schwächen ihrer Begründung nicht verborgen waren, obgleich er hinter ihnen die Kopflastigkeit eines aprioristischen Rationalismus erfühlte, die ja nun gewiß von Übel ist. Aber ein größeres Übel ist eben das andere Extrem, ein purer sensualistischer Empirismus, der in der Antike, wennschon er verständlicherweise keine naturphilosophischen Leistungen erbringen konnte, durchaus lautstark von sich reden machte. Dem Platonismus zwar diametral entgegengerichtet, will er gleichwohl wie dieser, den Widerstreit zwischen Sinnen und Verstand durch den totalen Sieg der einen Seite beenden, — hier wie dort ein verzweifelter Versuch, die Schwierigkeiten der Erkenntnistheorie *gewaltsam* aus dem Wege zu räumen.

Und Aristoteles von Stageira, der vor Platons Ansturm die „Erscheinungen rettete"? Sollte nicht dieser stets nach der wohlausgewogenen Mitte strebende Philosoph jenen erkenntnistheoretischen Schwierigkeiten angemessener begegnet sein als die Extremisten? Dem nachzuspüren, ist hier nicht der rechte Ort, denn auf den bedeutendsten und vielseitigsten Denker der Antike in gebührender Form eingehen, hieße den Umfang des vorliegenden Essays verdoppeln, worauf zu verzichten, es aber einen hinreichenden Grund gibt: Bei der Genese unseres physikalischen Weltbildes im 16./17. Jahrhundert hatte das Werk des Aristoteles, in seiner zeitgenössischen, allverbreiteten, geradezu dogmatisierten Adaption, vornehmlich die Funktion eines Denkmodells, das es schöpferisch zu überwinden galt, — eine höchst bedeutsame (und nicht ausschließlich negativ zu beurteilende) Funktion, die jedoch der anderen entgegengesetzt war, welche dem wiederentdeckten, neubelebten philosophischen Gedankengut des Pythagoreismus, Platonismus und im besonderen des antiken Materialismus zukam: durch kreative Rezeption neuen Ideen kräftige Nahrung zu geben. Hiermit im Einklang zählt in heutiger Retrospektive der philosophisch interessierte Physiker die großen Männer dieser alten Schulen zu seinen geistigen Urahnen, bei denen er trotz grundsätzlicher Mängel geniale Antizipationen von fundamentalen Zügen seiner Denkweise erblickt, während er die Weltauffassung des Aristoteles — mit welchem Recht sei hier dahingestellt — vorwiegend für eine geistreiche Studie darüber hält, wie die Welt sein könnte, aber erwiesenermaßen nicht ist.

Dabei lag die Erkenntnistheorie des Stagiriten, oder die Praktik seines Erkennens, eher über denn unter dem Niveau seines historischen Umfeldes, aber sie war doch eben nicht derart beschaffen, daß sie die Physik, so wie wir sie verstehen, hätte begründen können. Obwohl von Empirie durchtränkt, eilen die Gedanken des Aristoteles nichtsdestoweniger zu vorschnell in die begriffliche Verallgemeinerung, finden schwer zu den Erscheinungen zurück, und werden solcherart ebenfalls in die Hauptrichtung griechischer Denkmethodik gelenkt, ins rationalistische Spekulieren, das wohl mit größerer Wahrscheinlichkeit

Falsches als Wahres zutage fördern muß. Und so nimmt Aristoteles, — nicht zuletzt weil er die sinnlichen Qualitäten und Erfahrungen, die Postulate des gesunden Menschenverstandes vorschnell objektiviert — gerade diejenige Errungenschaft zurück, mit der seine Vorgänger die Denkungsart der neuzeitlichen Physik am weitesten vorwegnahm — gewiß wenig begründet, zu einem kleinen Teil nur und andernteils einseitig übertrieben vorwegnahmen, aber doch die richtige Orientierung vermittelnd: Die Auffassung von der Präponderanz des Quantitativen ist jene Errungenschaft. Sie nimmt der Stagirite zurück, sowohl ihre anschauliche demokritische Ausprägung (insbesondere die Existenz von Atomen und Vakuum leugnend), als auch ihre abstrakte, auf Zahl und Größe basierende pythagoreische Variante.

Bedurfte es, um eine im eigentlichen Sinne physikalische Wissenschaft zu begründen, der Vorstellung einer quantitativ eingerichteten, mit mathematischen Begriffen darstellbaren Natur, so hat Aristoteles, der Nachwelt ein folgenschweres Erbe bereitend, die Theorie von einer qualitativ geformten Materie detailliert ausgearbeitet. Dabei hat sich, wie wir am Rande erwähnen, in seinem Denken die „Form" aus der Platonischen „idéa", dem transzendenten Urbild, zur „morphé", zu einem der Materie innewohnenden strukturbestimmenden Prinzip gewandelt, just im gleichen Augenblick als sich die Ideenlehre mit Gedanken des Pythagoreismus, mit dem von ihm im Keime angelegten Konzept des mathematischen Naturgesetzes verband. Diese Verbindung aber hat jenen Keim soweit gefördert, daß er, in den fruchtbaren Boden der Erfahrung gepflanzt, alsbald ein kräftiges Reis hervorbrachte: die hellenistische Astronomie, wie wir sahen, eine zwar urtümliche, aber doch schon spezifische Naturwissenschaft, die sich der Philosophie gegenüber weitgehend verselbständigt hat und Empirie mit mathematisch formulierter Theorie glücklich vereint.

Offenbar ist in ferner Vergangenheit die Astronomie der Physik zügig vorangeeilt. Da kommen einem zeitlich näherliegende Parallelen in den Sinn. Man denkt an Copernicus und Kepler als an Pioniere der neuzeitlichen Naturwissenschaft, aber auch an die historisch entscheidenden Siege, die Newtons Mechanik gerade auf dem Gebiet der Himmelskunde erfocht. Irgendwie, so scheint es, muß doch dieses Gebiet einfacher als das der irdischen physikalischen Erscheinungen sein. Und in der Tat, mit dem Planetensystem, (um das es hier de facto ging) hat uns die Natur ohne unser Zutun ein praktisch abgeschlossenes System vor Augen gestellt, das zudem außerordentlich unkompliziert ausfällt. Nicht nur, daß bloß eine einzige Kraftwirkung (die Gravitation) von Belang ist; es sind überdies die Bewegungen einfach genug, daß ihre Gesetzmäßigkeiten zum guten Teil auch gänzlich ohne Kenntnis der Dynamik erkennbar werden. Ja, während die ungünstigen Vorstellungen, von denen die antike Astronomie ausging, den Aufbau einer Himmelsdynamik schwerlich erlauben, haben sie indessen die Entwicklung einer relativ leistungsfähigen, phänomenologischen, mathematischen zölestischen Kinematik ermöglicht. Dagegen wiederum hätte ein analoges Unternehmen im Falle der natürlichen irdischen Vorgänge kaum gefruchtet.

Natürliche Vorgänge im Unterschied zu den von Menschenhand in Gang gesetzten, sagen wir und eröffnen damit den direkten Weg zum Kern der ganzen erkenntnistheoretischen Problematik griechischen Forschens, wogegen die Arbeitsweise der antiken Astronomie ein nur spezieller, allerdings aufschlußreicher Aspekt ist. Sie funktioniert nämlich insonderheit deshalb, weil sie wegen der relativen Einfachheit ihres damals zugängigen Gegenstandsbereiches nicht zu tun braucht, was sie ohnehin nicht vermag: mit ihren Objekten zu experimentieren! Andererseits ist der Mangel an Experimenten unmittelbarer Grund dafür, daß im Altertum ausbleibt, was später im 17. Jahrhundert eintreten soll: der Übergang von der spekulativen Naturphilosophie zu eigentlicher Physik. Denn für gewöhnlich sind auf der Erde die physikalischen Gegenstände und Prozesse im natürlichen Zustand zu komplex, von zu vielen Einflußgrößen bestimmt, als daß sich ihre Gesetze allein aus passiven Beobachtungen würden erschließen lassen.

Nein, hier muß der Forscher praktisch tätig werden. Er muß Hand anlegen, um durchsichtige Verhältnisse überhaupt erst einmal herzustellen. Er muß auf die Materie gezielt einwirken, um zu sehen, wie sie reagiert. Und was die empirische Verifikation seiner Gedanken über die objektive physikalische Realität betrifft, so ist es auch nicht allein mit der — selbstverständlich unumgänglichen — sinnlichen Wahrnehmung getan. Das Wesentliche ist vielmehr, daß der Experimentator von jenen Gedanken bestimmt wird, materielle Anlagen zu bauen, die ohne seine Arbeit in der Natur gar nicht (oder doch schwerlich in der für ihn geeigneten Ausführung) vorkommen und die dennoch realiter so funktionieren, wie er es vorher in seinem Kopf konstruiert hat. „Die Frage, ob dem menschlichen Denken gegenständliche Wahrheit zukomme — ist keine Frage der Theorie, sondern eine *praktische* Frage. In der Praxis muß der Mensch die Wahrheit ... seines Denkens beweisen.“[33]

Sie drängt sich auf bei unserem Sujet, diese These aus den berühmten Notizen „ad Feuerbach“, in denen der junge Marx den Keim der dialektisch-materialistischen Weltanschauung gelegt hat. Ihr gegenüber ist „der Hauptmangel alles bisherigen Materialismus ..., daß der Gegenstand, die Wirklichkeit, Sinnlichkeit nur unter der Form des *Objekts* oder der *Anschauung* gefaßt wird; nicht aber als *sinnlich menschliche Tätigkeit, Praxis*“.[34] Es ist das Kriterium der Praxis, an dem es der Philosophie gebrach, und genau dieses Gebrechen ist Ursache auch für die Aporien der Erkenntnis, mit denen sich — wie wir aus-

[33] MARX, K. [15] S. 5
[34] ebenda

geführt haben — die griechische Gnoseologie quälte, die Ursache dafür, daß sie die Dialektik von Empirie und Theorie nicht in den Griff bekommen, den Widerstreit von Sinnen und Verstand nicht schlichten konnte. Aber wie soll auch in der erkenntnistheoretischen Reflexion das Kriterium der Praxis erscheinen, wenn in der direkten wissenschaftlichen Wahrheitsfindung die experimentelle Praxis nicht gepflegt wird?

Und *deren* Wurzel, wo liegt sie? Von wem kann die Gelehrsamkeit lernen, daß die tätig einwirkende, verändernde, noch nicht Dagewesenes produzierende Auseinandersetzung mit der Natur zum Gewinn von Erkenntnis führt? Wo findet die Wissenschaft zu solch praktischem Verfahren die Anleitung, wenn nicht dort, wo es die Menschheit von Anbeginn unmittelbar „handhabt", wenn nicht bei der Praxis der materiellen Produktion? Mit dieser rhetorischen Frage kehrt unser Exkurs über die erkenntnistheoretisch-methodologische Problematik griechischen Denkens und Forschens an seinen Ausgangspunkt zurück, zu dem Hinweis nämlich auf ihre sozialökonomische Bedingtheit.

Nun erfolgt eine derartige Determination sicher dort am energischsten, wo die Wissenschaft selbst als Produktivkraft auftritt, wo ihr Wirksamwerden durch Erfordernisse der materiellen Basis erzwungen wird. Eine Wissenschaft, die infolge solchen Zwanges direkt aus der Praxis hervorgeht oder zu ihrem Dienst bestimmt ist, verfügt über deren Wahrheitskriterium gewissermaßen von Geburt her, so daß umgekehrt, wann immer ein Wissenschaftsideal vorherrscht, das dieses Kriterium verfehlt, auf das Nichtvorhandensein der erwähnten gesellschaftlichen Erfordernisse geschlossen werden darf. Und so verhält es sich denn ja auch im klassischen Altertum. Ist für die beiden bestimmenden Gesellschaftsformationen unserer Zeit die ständig zunehmende Wirksamkeit der Wissenschaft schlechthin eine Existenzfrage, so haben ganz im Gegensatz dazu die griechischen Poleis, jene von der Natur reich begünstigten kleinen politischen und wirtschaftlichen Einheiten, keinen Zwang verspürt, eine praxisorientierte Wissenschaft zu entwickeln. Ergo, so liegt es einem auf der Zunge, ist die Naturforschung in der Polis kopflastig von Theorie erfüllt, entbehrt sie der praktisch-experimentellen Methode.

Tatsächlich aber ist für das Vorhandensein dieser Arbeitsweise ein unmittelbar von der materiellen Basis ausgehender Zwang hinreichend, jedoch nicht notwendig. Ob sie auch bei dessen Fehlen entsteht oder aber ausbleibt, hängt folglich von anderen Faktoren ab. Und zwar sind es ideologische Faktoren, durch deren Vermittlung die sozialökonomischen Determinanten in diesem Falle indirekt und nicht ungebrochen über die Richtung der Wissenschaftsentwicklung entscheiden. Die Frage ist hier, wie sich die Leistungen der Produktionspraxis im Bewußtsein der Intellektuellen widerspiegeln, als etwas sehr Wichtiges und Interessantes, mit dem sich zu beschäftigen erkenntnisfördernd ist, als eine Herausforderung an die Wissenschaft, von ihnen, jenen Leistungen der Praxis, zu lernen, um sie zu überbieten — oder aber als etwas Triviales, das kein intellektuelles Interesse beanspruchen kann, sondern vielmehr der Erkenntnis im Wege steht, als etwas, von dem man sich vornehm abzugrenzen hat.

Eben dieser zweite Standpunkt kennzeichnet die Ideologie der griechischen Denker, auch wenn durchaus nicht alle zu solchen äußersten Konsequenzen gelangten, wie die Eleaten oder die Platoniker, deren Gnoseologie — wie wir bereits betont haben — das Klassenbewußtsein einer der materiellen Produktion weit enthobenen Aristokratie reflektiert. Ob Aristokraten oder Demokraten — die Intellektuellen des alten Hellas sind Exponenten der dünnen Oberschicht in ein und derselben Gesellschaftsformation, und von deren Wesensart werden sie insgesamt — der eine mehr, der andere weniger — geprägt. Entscheidendes Wesensmerkmal aber war die Sklaverei. Von ihr ist ja gerade in der perikleischen Epoche, als die attische Polis allerwegen so üppig erblühte, die Produktion zügig ergriffen und angekurbelt worden. Und in der Folgezeit wird ein angemessenes Wirtschaftswachstum (— der relativ geringen Aufnahmefähigkeit des Marktes angemessen —) hauptsächlich eben mittels quantitativer Ausweitung der Sklaverei bewerkstelligt. Die produktionssteigernde technische Fortentwicklung der Arbeitsmittel und Fertigungsprozesse sieht sich durch diese Ökonomie auf den zweiten Rang verwiesen und kann im großen und ganzen die Möglichkeiten mitnichten ausschöpfen, welche an und für sich der schon vorhandene Schatz an Kenntnissen und intellektuellen Fähigkeiten bot.

Unter solchen Umständen mochte ein so aufgeklärter Denker wie Demokrit zwar vernünftig genug sein um zu verspüren, welche ausschlaggebende Rolle für die Evolution der menschlichen Gesellschaft die Erfindung „nützlicher Einrichtungen“ in der materiellen Praxis gespielt hat, aber daß auf diesem Kurs auch die Wissenschaft eine Quelle ihrer Erkenntnis erschließen könne, dieser Gedanke mußte außerhalb seines Horizonts bleiben; und schon gar nicht konnte es ihm in den Sinn kommen, persönlich der Natur mit Hebeln und mit Schrauben zu Leibe zu rücken, d. h. praktisch-experimentierend die Hand zu rühren.

Hier liegt nun der neuralgische Punkt, an dem das ideologische, den Tiefen der sozialökonomischen Gesellschaftsstruktur entstammende Vorurteil das Entstehen einer Experimentalphysik am wirksamsten unterbindet und damit die Geschichte der Naturforschung am nachhaltigsten steuert. Mit den Händen schaffen zu müssen, war nämlich das Mal, welches die niedrigen Klassen als solche brandmarkte. Sache zunächst der Handwerker, wurde es in zunehmender Maße zum Schicksal der Sklaven. Und in ebendiesem Maße mußte körperliche Arbeit immer mehr geradezu in den Geruch des Entehrenden geraten, so daß selbst die gehobenen manuellen Tätigkeiten in einem für uns erstaunlichen Grade suspekt waren. Sogar die bildenden Künstler, deren Gilde doch zur bewundernden Freude noch so ferner Geschlechter das griechische Ideal der

Schönheit materialisiert hat, mußten (— eben deshalb, würde Platon einwerfen —) mit einem deutlich geringeren Sozialprestige vorliebnehmen als die Meister der Töne, der Worte und der Gedanken. Da also die Dinge so lagen, hätte sich ein Philosoph deklassiert, wenn er darangegangen wäre, mit der Materie zu manipulieren, zu experimentieren.

Bei dieser Einschätzung denken wir in erster Linie — doch nicht ausschließlich — an das in vorliegendem Essay behandelte Zeitalter der Polis, und da wiederum an seinen späteren Abschnitt, wo die intellektuellen Fähigkeiten für das Entstehen der im eigentlichen Sinne physikalischen Wissenschaft durchaus schon entwickelt waren, die gesellschaftlichen Voraussetzungen dafür aber fehlten. Die folgende, die hellenistische Epoche hat dann mancherorts und zeitweilen der Erfordernisse des Kriegswesens halber und aus verschiedenen anderen Gründen die Tätigkeit des Ingenieurs erheblich aufgewertet, so daß seine praktischen Erfahrungen denn auch der theoretischen Reflexion für würdig erachtet worden sind; würdig nicht zuletzt einer Behandlung durch die Mathesis, auf welche Weise dann der große Archimedes (287—212) einer urwüchsigen technischen Mechanik seine ausgesprochen mathematisch konstruierten Fundamente der Statik einschließlich der Hydraulik gegenüberstellte. Wir können hier Archimedes wie die ganze hellenistische Naturforschung, die er glanzvoll repräsentiert, nur ohne nähere Erläuterung erwähnen. Es ist ein Kapitel Wissenschaftsgeschichte qualitativ neuen Inhalts, das, was die Mechanik und die geometrische Optik anbelangt, beträchtliche, bewunderswerte Schritte in Richtung auf die uns vertraute Physik hin verzeichnet. Aber im Rückblick gesehen, handelt es sich doch abermals um einen recht begrenzten Fortschritt, der die latent vorhandenen Möglichkeiten nicht verwirklichen konnte, und der wieder verschüttet wird, als die ihn tragende glückhaft-günstige sozialökonomische und politische Konstellation in der langen Agonie und dem katastrophalen Ausgang der antiken Sklavenhaltergesellschaft verlorenging. Insofern kann man sub specie aeternitatis die physikalischen Errungenschaften im Hellenismus als Ausnahmen werten, welche die Regel bestätigen; wobei wir an das während jener historischen Formation in der Regel gestörte Verhältnis von Theorie und Praxis denken.

Noch einmal, in der sich von Spanien bis nach Mittelasien erstreckenden, vom 9. bis zum 13. Jahrhundert währenden, glanzvollen Blüte islamischer Kultur, hat die Wissenschaft angehoben, ihr antikes Erbe kraftvoll weiterzuentwickeln, ohne doch das Gestade der Neuzeit sicher und endgültig erreichen zu können. Das hat die Gunst der Geschichte vielmehr dem Okzident vorbehalten. Gespeist von den die Antike überliefernden Errungenschaften der sich arabisch artikulierenden Gelehrsamkeit, getrieben aber von den gewaltigen ökonomischen, sozialen und politischen Kräften, die sich in der Wende vom Feudalismus zum frühen Kapitalismus formieren, vollzieht Europa „die größte progressive Umwälzung, die die Menschheit bis dahin erlebt hatte".[35] Und zu diesem Umbruch gehört die Wissenschaftsrevolution, deren zentrale Leistung wiederum die Geburt der ersten neuzeitlichen physikalischen Disziplin war, der klassischen Mechanik, der Newtonschen, wie wir sie zu bezeichnen pflegen, den großen Briten ehrend, der nun aber (insbesondere durch seine optischen Untersuchungen) in die Geschichte auch als ein Bahnbrecher der Experimentalphysik einging.

Jetzt im Unterschied zum Altertum war der Boden für ihr Entstehen bereitet. Nicht daß nunmehr die Praxis schon dringend des Experimentalphysikers bedurfte. Sie benötigte — und schuf sich infolgedessen — vielmehr eine Schicht künstlerisch-technischer Intelligenz. Die aber vermochte nicht nur mit hervorragenden Leistungen aufzuwarten, sondern sie auch in hohes Sozialprestige umzumünzen. Das Charakteristikum jener Zeit bestand ja darin, daß sich mit dem Bürgertum eine progressive Klasse im Aufbruch befand, die ihrem Wesen nach zutiefst mit der materiellen Produktion verbunden war. Deren Ergebnisse und die der Technik als die einer Produktivkraft setzten nun — ganz im Gegensatz zu den vorhergehenden Verhältnissen — die Maßstäbe, unter denen beurteilt zu werden, sich auch die Wissenschaft plötzlich gefallen lassen mußte. Natürlich konnte damals ein solcher Vergleich für sie nicht sonderlich schmeichelhaft ausfallen. Und so wurde sie veranlaßt, sich an ihrem neuen Vorbild zu orientieren und dessen Wahrheitskriterium, das der Praxis, in einer ihr sinngemäßen Form zu adaptieren, eben durch die Entwicklung der experimentellen Methode. Wie sich versteht, gewinnt, hinlänglich ausgebildet, diese Arbeitsweise ihr Eigengewicht in der Wissenschaft, kann sie heute nicht mehr zurückgenommen werden, es sei denn um den Preis der Ausrottung unserer Gesamtkultur.

In sie ist die Wissenschaft und mit ihr die Physik eingebettet. Und gerade diese ist nicht nur ein Agens der materiellen Kultur, wiewohl sie in der Gegenwart als solches unser gesteigertes Interesse beansprucht. Sie ist auch, was wir lernend und lehrend zu pflegen haben, ein integrierender Bestandteil unserer geistigen Kultur! Denn ihr eignet tiefe philosophische Bedeutsamkeit, wie sie, die Physik, ja auch entstanden ist durch die innige Verbindung der experimentellen Methode mit mathematischer Verstandesschärfe und — philosophischem Tiefsinn! Diesen tiefen Sinn, diese Sehnsucht nach dem, was die Welt im Innersten zusammenhält, haben jene der Menschheit in die Wiege gelegt, denen wir die hiermit beendete Arbeit in Liebe und Dankbarkeit widmeten: die Hellenen! Ein Meer von Zeit trennt uns von ihnen. Und doch werden wir, werden auch künftige Generationen immer wieder an seinem Ufer stehen, „das Land der Griechen mit der Seele suchend".

[35] ENGELS, F. [5] S. 312

LITERATUR

[1] BORZESKOWSKI, HORST-HEINO VON u. RENATE WASHNER: Erkenntnistheoretischer Apriorismus und Einsteins Theorie, D. Z. f. Phil. **27** (1979) 213

[2] CAPELLE, WILHELM: Die Vorsokratiker, Berlin 1961

[3] DIELS, HERMANN (Herausgeber): Die Fragmente der Vorsokratiker, Berlin 1934

[4] ENGELS, FRIEDRICH: Herrn Eugen Dührings Umwälzung der Wissenschaft. In: Marx-Engels-Werke. Band 20, Berlin 1975

[5] ENGELS, FRIEDRICH: Dialektik der Natur. In: Marx-Engels-Werke. Band 20, Berlin 1975

[6] HEISENBERG, WERNER: Physik und Philosophie, Stuttgart 1959

[7] IRMSCHER, JOHANNES (Herausgeber): Lexikon der Antike, Leipzig 1977

[8] JÜRSS, FRITZ: Zum Erkenntnisproblem bei den frühgriechischen Denkern, Berlin 1976

[9] JÜRSS, FRITZ: Von Thales zu Demokrit, Berlin 1977

[10] JÜRSS, FRITZ, REIMAR MÜLLER, ERNST GÜNTHER SCHMID (Herausg.): Griechische Atomisten, Leipzig 1973

[11] KLAUS, GEORG, MANFRED BUHR (Herausgeber): Philosophisches Wörterbuch, Leipzig 1974

[12] LENIN, WLADIMIR I.: Konspekt zu Lassalles Buch „Die Philosophie Herakleitos des Dunklen". In: Werke. Band 38, Berlin 1962

[13] LEY, HERMANN: Geschichte der Aufklärung und des Atheismus. Band 1, Berlin 1966

[14] LURIA, SALOMO: Anfänge griechischen Denkens, Berlin 1963

[15] MARX, KARL: Thesen über Feuerbach. In: Marx-Engels-Werke. Band 3, Berlin 1969

[16] NESTLE, WILHELM: Vom Mythos zum Logos, Stuttgart 1940

[17] OISERMANN, T. I.: Probleme der Philosophie und der Philosophiegeschichte, Berlin 1973

[18] OISERMANN, T. I.: Die philosophischen Grundrichtungen, Berlin 1976

[19] SCHRÖDINGER, ERWIN: Die Natur und die Griechen — Kosmos und Physik, Hamburg 1956

[20] SEIDEL, HELMUT: Von Thales bis Platon, Berlin 1980

[21] THOMSON, GEORGE: Die ersten Philosophen, Berlin 1961

[22] UEBERWEG, FRIEDRICH: Grundriß der Geschichte der Philosophie des Altertums, Berlin 1920

[23] WASHNER, RENATE: Mensch und Kosmos — Die copernicanische Wende, Berlin 1978

[24] WELSKOPF, ELISABETH CHARLOTTE: Die Produktionsverhältnisse im alten Orient und in der griechisch-römischen Antike, Berlin 1957
[25] ZELLER, EDUARD: Die Philosophie der Griechen in ihrer geschichtlichen Entwicklung, Leipzig 1919ff.

SITZUNGSBERICHTE DER SÄCHSISCHEN AKADEMIE DER WISSENSCHAFTEN ZU LEIPZIG

MATHEMATISCH-NATURWISSENSCHAFTLICHE KLASSE

Band 109

Heft 1 Prof. ERICH RAMMLER, Über die Theorien der Braunkohlenbrikettentstehung 1970. 38 Seiten – 13 Abb., davon 2 auf 2 Tafeln – 8° – M 4.–

Heft 2 Prof. Dr. WOLFGANG TUTSCHKE, Stammfunktionen komplexwertiger Funktionen 1970. 20 Seiten – 8° – M 3,70

Heft 3 Dr. habil. GÜNTHER EISENREICH, Zur Syzgientheorie und Theorie des inversen Systems perfekter Ideale und Vektormodule in Polynomringen und Stellenringen 1970. 88 Seiten – 8° – M 10,80

Heft 4 Prof. Dr. med. ROLF EMMRICH, Hochdruck und Hyperlipidämie (Hypercholesterinämie) als Risikofaktoren für die Entstehung der Arteriosklerosen 1971. 23 – Seiten – 10 Abbildungen – 4 Tabellen – 8° – M 3,90

Heft 5 Prof. Dr. HANS DRISCHEL, Biologische Rhythmen 1972. 57 Seiten – 31 Abbildungen – 1 Tabelle – 8° – M 6,60

Heft 6 Prof. Dr.-Ing. Dr. h. c. KURT SCHWABE, Konzentrierte Elektrolytlösungen – Thermodynamische und kinetische Eigenschaften 1972. 49 Seiten – 27 Abbildungen – 2 Tabellen – 8° – M 7,50

Heft 7 Prof. Dr. WOLFGANG TUTSCHKE, Konstruktion von globalen Lösungen mit vorgeschriebenen Singularitäten bei partiellen komplexen Differentialgleichungssystemen 1972. 24 Seiten – 8° – M 4,50

Band 110

Heft 1 Prof. Dr. h. c. PAUL GÖRLICH, Über die Laser und ihre Anwendung 1972. 24 Seiten – 8° – M 2,30

Heft 2 Prof. Dr. HASSO ESSBACH, Zum Problem der Tumoren im Kindesalter 1972. 24 Seiten – 11 Abbildungen auf 10 Kunstdrucktafeln – 8° – M 6,–

Heft 3 Prof. Dr. med. WALTER BREDNOW, Zur Anthropologie des Schwindels 1973. 17 Seiten – 2 Abbildungen auf 2 Kunstdrucktafeln – 8° – M 2,50

Heft 4 Prof. Dr. h. c. PAUL GÖRLICH, Betrachtungen über den Wissenschaftlichen Gerätebau 1972. 39 Seiten – 8° – M 3,–

Heft 5 Prof. Dr. ERICH RAMMLER, Einige Betrachtungen über Erdgas 1974. 43 Seiten – 8 Abbildungen – 3 Tabellen – 8° – M 4,50

Heft 6 Prof. Dr. GUSTAV E. R. SCHULZE, Zur Rolle des Einfachheitsprinzips im physikalischen Weltbild 1974. 23 Seiten – 4 Abbildungen – 8° – M 2,50

Heft 7 Prof. Dr. med. ROLF EMMRICH, Zwischen Leben und Tod. Ärztliche Probleme der Thanatologie 1974. 22 Seiten – 2 Abbildungen – 4 Tabellen – 8° – M 3,50

Band 111

Heft 1 Prof. Dr. WILHELM MAIER, Vom Erbe Bernhard Riemanns 1975. 16 Seiten – 8° – M 2,50

Heft 2 Prof. Dr. med. HANS DRISCHEL, Organismus und geophysikalische Umwelt 1975. 50 Seiten – 25 Abbildungen – 1 Tabelle – 8° – M 7,–

Heft 3 Prof. Dr. MARIA HASSE, Zum Begriff des allgemeinen Produkts von Kategorien 1975. 32 Seiten – 8° – M 5,–

Heft 4 Prof. Dr.-Ing. Dr. h. c. KURT SCHWABE, Analytische Probleme des Umweltschutzes
1975. 28 Seiten – 9 Abbildungen – 2 Tabellen – 8° – M 3,50

Heft 5 Prof. Dr. WOLFGANG BUCHHEIM, Die kopernikanische Wende und die Gravitation
1975. 36 Seiten – 2 Farbtafeln – 8° – M 5,–

Heft 6 Prof. Dr. HERMANN BERG, Photopolarographie und Photodynamic
1975. 19 Seiten – 2 Abbildungen – 2 Tabellen – 8° – M 3,–

Heft 7 Prof. Dr. MANFRED GERSCH, Probleme der Insektizide aus heutiger Sicht
1976. 36 Seiten – 9 Abbildungen – 2 Tabellen – 8° – M 4,–

Band 112

Heft 1 Prof. Dr. WALTER BREDNOW, Spiegel, Doppelspiegel und Spiegelungen – eine „wunderliche Symbolik" Goethes 1975. 28 Seiten – 4 Abbildungen – 8° – M 3,–

Heft 2 Prof. Dr. ARTUR LÖSCHE, Über negative absolute Temperaturen. Eine Einführung
1976. 26 Seiten – 12 Abbildungen – 8° – M 4,–

Heft 3 Prof. Dr. med. HERBERT JORDAN, Kurorttherapie: Prinzip und Probleme
1976. 31 Seiten – 10 Abbildungen – 1 Tabelle – 8° – M 4,50

Heft 4 Prof. Dr. FRIEDRICH WOLF / Dr. PETER FRÖHLICH, Zur Druckabhängigkeit von Ionenaustauschreaktionen 1977. 13 Seiten – 6 Abbildungen – 1 Tabelle – 8° – M 2,–

Heft 5 Prof. Dr. DIETRICH UHLMANN, Möglichkeiten und Grenzen einer Regenerierung geschädigter Ökosysteme 1977. 50 Seiten – 20 Abbildungen – 2 Tabellen – 8° – M 6,50

Heft 6 Prof. Dr. ERICH RAMMLER, Zwei Jahrzehnte Entwicklung des Einsatzes der Energieträger Kohle und Erdöl im Weltmaßstab 1977. 29 Seiten – 6 Abbildungen – 4 Tabellen – 8° – M 4,–

Heft 7 Prof. Dr. ULRICH FREIMUTH, Umweltprobleme in der Ernährung
1977. 32 Seiten – 3 Abbildungen – 4 Tabellen – 8° – M 4,–

Band 113

Heft 1 Prof. Dr. ERICH LANGE, Allgemeingültige Veranschaulichung des II. Hauptsatzes
1978. 22 Seiten – 10 grafische Darstellungen – 8° – M 4,–

Heft 2 Prof. Dr. HERBERT BECKERT, Bemerkungen zur Theorie der Stabilität
1977. 19 Seiten – 8° – M 2,50

Heft 3 Prof. Dr. sc. KLAUS DÖRTER, Probleme und Erfahrungen bei der Entwicklung einer intensiven landwirtschaftlichen Produktion im Landschaftsschutzgebiet des Harzes
1978. 20 Seiten – 6 Abbildungen, davon 4 farbige auf 2 Tafeln – 2 Tabellen – 8° – M 7,–

Heft 4 Prof. Dr. sc. med. HANS DRISCHEL, Elektromagnetische Felder und Lebewesen
1978. 31 Seiten – 14 Abbildungen – 2 Tabellen – 8° – M 5,–

Heft 5 Prof. Dr. MANFRED GERSCH, Wachstum und Wachstumsregulatoren der Krebse. Biologische Erkenntnisse und generelle Erwägungen
1979. 32 Seiten – 13 Abbildungen – 1 Tabelle – 8° – M 6,–

Heft 6 Prof. Dr. rer. nat. FRIEDRICH WOLF / Dr. rer. nat. URSULA KOCH, Über den Einfluß der chemischen Struktur von Dispersionsfarbstoffen auf deren Dispersionsstabilität
1979. 18 Seiten – 3 Abbildungen – 10 Tabellen – 8° – M 3,50

Heft 7 Prof. Dr. rer. nat. FRIEDRICH WOLF / Dr. rer. nat. WOLFGANG HEYER, Zur Sorption an Tetracalciumaluminathydroxysalzen 1980. 12 Seiten – 5 Abbildungen – 4 Tabellen – 8° – M 2,–

Band 114

Heft 1 Prof. Dr. HASSO ESSBACH, Morphologisches zur orthologischen und pathologischen Differenzierung und zum Anpassungs- und Abwehrvermögen der menschlichen Placenta
1980. 19 Seiten – 12 Abbildungen – 8° – M 4,–

Heft 2 Prof. Dr. med. WERNER RIES, Risikofaktoren des Alterns aus klinischer Sicht
1980. 19 Seiten – 9 Abbildungen, davon 1 Abbildung auf Tafel – 8° – M 4,–

Heft 3 Prof. Dr. OTT-HEINRICH KELLER, Anschaulichkeit und Eleganz beim Alexanderschen Dualitätssatz
1980. 19 Seiten – 8° – M 4,–

Heft 4 Prof. Dr. rer. nat. BENNO PARTHIER, Die cytologische Symbiose am Beispiel der Biogenese von Zellorganellen 1981. 29 Seiten – 16 Abbildungen – 2 Tabellen – 8° – M 6,–

Heft 5 Prof. Dr. F. WOLF / Dr. S. ECKERT / Dr. M. WEISE / Dr. S. LINDAU, Untersuchungen zur Synthese und Anwendung bipolarer Ionenaustauschharze 1980. 12 Seiten – 6 Tabellen – 8° – M 2,–

Heft 6 Prof. Dr. med. HERBERT JORDAN, Balneobioklimatologie – Eine Zielstellung im Mensch-Umwelt-Konzept 1981. 25 Seiten – 8 Abbildungen – 1 Tabelle – 8° – M 4,–

Band 115

Heft 1 Prof. Dr. rer. nat. HERMANN BERG, Wilhelm Ostwald – Erkenntnisse über die Biosphäre 1981. 36 Seiten – 7 Abbildungen – 3 Tabellen – 8° – M 6,–

Heft 2 Prof. Dr. sc. KLAUS DÖRTER, Aphorismen zur Qualität des Bewässerungswassers 1981. 32 Seiten – 11 Abbildungen – 11 Tabellen – 8° – M 6,–

Heft 3 Prof. Dr. Ing. Dr. rer. nat. h. c. PAUL GÖRLICH, Die geschichtliche Entwicklung des wissenschaftlichen Gerätebaus und seine zukünftige Bedeutung 1981. 36 Seiten – 8° – M 6,–

Heft 4 Prof. Dr. WOLFGANG BUCHHEIM, Albert Einstein als Wegbereiter nachklassischer Physik 1981. 29 Seiten – 8° – M 4,–

Heft 5 Prof. Dr.-Ing. HERBERT KRUG, Die Technologie der Brikettierung von Weichbraunkohle im Lichte der Verfahrenstechnik und der besseren Nutzung dieses Energieträgers 1982. 20 Seiten – 13 Abbildungen – 8° – M 3,–

Heft 6 Prof. Dr. ERNST NEEF, Der Verlust der Anschaulichkeit in der Geographie und das Problem der Kulturlandschaft 1981. 33 Seiten – 8° – M 5,–

Band 116

Heft 1 Prof. Dr. WERNER RIES, Studium zum biologischen Alter 1982. 27 Seiten – 10 Abbildungen – 8° – M 4,–

Heft 2 Prof. Dr. RUDOLF SACHSENWEGER, Augenunabhängige optosensorische Wahrnehmungsformen *In Vorbereitung*

Heft 3 Prof. Dr. HANS-GEORG SCHÖPF, Die Griechen und die Natur *Vorliegendes Heft*

Einzel- oder Fortsetzungsbestellungen durch eine Buchhandlung erbeten

Sitzungsberichte bis Band 108
durch das Zentralantiquariat der Deutschen Demokratischen Republik, Leipzig
ab Band 107 durch den Akademie-Verlag, Berlin, zum Teil noch lieferbar

AKADEMIE-VERLAG

DDR - 1086 Berlin, Leipziger Straße 3–4

FSC
www.fsc.org
MIX
Papier | Fördert gute Waldnutzung
FSC® C083411

Zeitfracht Medien GmbH
Ferdinand-Jühlke-Straße 7
99095 Erfurt, Deutschland
produktsicherheit@kolibri360.de